MikroComputer–Praxis

Herausgegeben von
Dr. L. H. Klingen, Bonn, Prof. Dr. K. Menzel, Schwäbisch Gmünd
Prof. Dr. W. Stucky, Karlsruhe

Maschinenschreiben mit dem Computer

Ein Lehrgang mit didaktischen Handreichungen

Von Sigrid Mandel, Heidenheim
und Dr. Martin Plieninger, Heidenheim

B. G. Teubner Stuttgart 1991

Die Deutsche Bibliothek – CIP-Einheitsaufnahme

Mandel, Sigrid:
Maschinenschreiben mit dem Computer : ein Lehrgang mit
didaktischen Handreichungen / Sigrid Mandel ; Martin
Plieninger. – Stuttgart : Teubner
   (MikroComputer-Praxis)
NE: Plieninger, Martin:
[Hauptw.]. – 1991
   ISBN 978-3-519-02667-9   ISBN 978-3-322-92743-9 (eBook)
   DOI 10.1007/978-3-322-92743-9

Gesamtherstellung: Druckhaus Beltz, 6944 Hemsbach
Einband: P. P. K, S-Konzepte T. Koch, Ostfildern/Stuttgart

Vorwort

Die Schreibmaschine ist tot - es lebe der Computer! Dieses Motto ist Leitmotiv des vorliegenden Bandes, der den traditionellen Maschinenschreibunterricht auf die Bedingungen eines modernen Büroalltages umstellen will und kann. Auch wenn vielfach noch die klassische Ausbildung an der Schreibmaschine anzutreffen ist, hat die Schreibmaschine - zunehmend auch als Speicherschreibmaschine - in der modernen Bürotechnik ausgespielt. Mit dem Übergang von der guten alten Schreibmaschine auf den modernen Bürocomputer ist viel mehr verbunden als die vordergründige Möglichkeit, Textkorrekturen schnell und umweltfreundlich auf dem Bildschirm durchzuführen. Das könnte schließlich eine elektrische Speicherschreibmaschine auch. Der springende Punkt ist die Einbindung der Textverarbeitung in die Arbeitsvorgänge vor und nach einer Texterstellung. Das ist naheliegend, weil viele dieser Vorgänge gleichfalls mit Hilfe eines Computers durchgeführt werden. Diese Einbindung endet aber keineswegs bei der Erstellung von Serienbriefen über eine Datenbank. Sie knüpft etwa an die Erstellung von Angeboten und die Fakturierung mittels einer Tabellenkalkulation oder die Einbettung von Geschäftsgrafiken an. Auch die Datenfernübertragung mittels integriertem Telefax erfordert eine direkte Anbindung der Texterstellung an den Computer.

Genau in diesem Sinne ist die Entscheidung der Autoren für das integrierte Softwarepaket FRAMEWORK zu verstehen, das alle die genannten Bausteine in einer einheitlichen Benutzeroberfläche bietet. Auch wenn zunächst im Rahmen des notwendigen Tastaturtrainings nur mit dem Textbaustein gearbeitet wird, sind für den späteren Einsatz alle Verbindungen bereits vorhanden. Aus den genannten Gründen kann man sogar einen Schritt weiter oder zurück(?)gehen mit der These, daß ein konventioneller Maschinenschreibunterricht mit dem Blick auf die stürmische Entwicklung des Computereinsatzes fast kontraproduktiv ist. Dies gilt besonders für die Ausbildung an den allgemeinbildenden und beruflichen Schulen, wo der zeitliche Vorlauf für die Betroffenen bis zum konkreten Berufseinsatz länger ist. Widerspruch ist zu erwarten, wenn das hier vorgelegte Konzept zwar den Computer favorisiert, aber kein gängiges Textverarbeitungsprogramm einsetzt. Dies auch deshalb, weil der Textbaustein der jetzigen FRAMEWORK-Version III gegenüber den speziellen Textverarbeitungsprogrammen eher mager ist.

Die Entscheidung für ein integriertes System ist aber mit dem Blick auf die Bedürfnisse der anderen Schulfächer und die spätere berufliche Umsetzung ganz und gar zu rechtfertigen. Daß die Autoren sich nicht für das im Aufschwung befindliche integrierte System MS-WORKS entschieden haben, wird in der Einleitung näher begründet. Diese Entscheidung beschert dem Lehrer über den Programmhintergrund von FRAMEWORK(FRED) wichtige Hilfen für den Unterricht.

Neben der im ersten Kapitel erfolgten allgemeinen Einführung in die Textverarbeitung ist die Tastaturschulung, Kapitel zwei, Schwerpunkt des Bandes. Es überträgt die bewährten Methoden des Maschinenschreibtrainings auf die Gegebenheiten einer modernen DIN-Tastatur des Computers. In zehn Unterrichtseinheiten wird ein geschlossenes didaktisch-methodisches Konzept zur Einarbeitung in das Zehn-Finger-System und die Ausweitung auf die zahlreichen zusätzlichen Möglichkeiten der Texterstellung in einer Computerumgebung geboten. Der vorgelegte Band füllt eine Lücke in der schulorientierten Maschinenschreibliteratur und führt zugleich die bewährten klassischen Schulungskonzepte konsequent fort -bezogen auf die Bedingungen moderner Computerarbeitsplätze. Er stellt damit nicht nur für die Maschinenschreiblehrer/-innen in den Schulen eine moderne Arbeitshilfe für den unausweichlichen Umstieg auf den Computer dar. Auch für den Autodidakten legen die praxiserfahrenen Autoren eine Schulungshilfe vor, die auch die notwendigen Selbstkontrollen erlaubt.

Im dritten Kapitel wird dann konsequenterweise auf die nur durch den Computer gegebenen Möglichkeiten moderner Textverarbeitung eingegangen. Dazu gehören insbesondere Serienbriefe in Verbindung mit dem in FRAMEWORK integrierten Datenbankbaustein, der auch den Zugang zu dBASE-artigen Datenbeständen erlaubt. Von hier aus öffnet sich dann für den Lernenden das Fenster zu allen Standardanwendungen, die Computer heute zulassen.

Einen besonderen Clou stellen die in Kapitel 5 beschriebenen Dateien zum Komparativtraining dar. Damit erhält die Lehrperson umfangreiches Wortmaterial zu allen Bereichen der Tastaturschulung, aus denen eigenständige Unterrichtssequenzen kombiniert werden können.

Zum Schluß sei noch angemerkt, daß sich das Grundkonzept dieses Lehrganges auch auf eine beliebige Textverarbeitungssoftware übertragen läßt, wobei allerdings wichtige methodische Hilfen aus dem FRAMEWORK-Hintergrund verlorengehen. Schließlich kann dieser Band auch für manchen erfahrenen Computerbenutzer ein konkreter Anlaß werden, über sein „Zwei-Finger-System" ernsthaft nachzudenken.

Dr. Klaus Menzel für die Herausgeber

Inhaltsverzeichnis

Einleitung

Maschinenschreiben - FRAMEWORK - Lehrgang! Die Schlüsselbegriffe unseres Titels sind gleichermaßen Reizwort wie Programm. Doch der Reihe nach ...

a)   **Maschinenschreiben:**

Die Unterweisung in der 10-Finger-Tastmethode und die Kenntnis bzw. Einhaltung der standardisierten Regeln nach DIN gehören nach wie vor zum Grundrepertoire der Ausbildung im Fach „Maschinenschreiben", wie sie in vielen allgemeinbildenden und beruflichen Schulen gelehrt wird. Auch im Bereich der beruflichen Fort- bzw. (Anpassungs-)Weiterbildung hat die Unterweisung im Maschinenschreiben einen festen Platz.

Diese sicher unstrittige These hat durch die Einführung und Verbreitung des Personal-Computers in den letzten Jahren in ihrer *konkreten Auswirkung* allerdings eine Veränderung erfahren, die den Unterricht vor qualitativ ganz neue Probleme stellt. So scheint es in einer Zeit, in der ein Computer kaum mehr als eine gute Speicherschreibmaschine kostet, anachronistisch zu sein, wenn eine Schule gleichermaßen Geld in eine Schreibmaschinen-Ausstattung *und* einen Computer-Raum investiert. Dies vor allem auch vor dem Hintergrund, daß die Schulabgänger des allgemeinbildenden wie des beruflichen Schulwesens die wenigste Zeit mit einer Schreibmaschine Texte erfassen, sondern in aller Regel wohl mit einem Textverarbeitungsprogramm arbeiten werden. Die prognostizierte Arbeit mit einem Textverarbeitungsprogramm weist auf eine Reihe weiterer Problemstellungen hin:

-   Die Arbeit mit dem Computer verändert zunehmend Beschäftigungsprofile und Arbeitsplatzbeschreibungen. Dabei ist die zunehmende Tendenz zu beobachten, daß durch den Computer eher ganzheitliche Arbeitsweisen gefördert werden, indem der Zeitungsredakteur seinen Text nicht nur erfaßt, sondern auch „setzt" bzw. dem Computer die entsprechenden Befehle dazu erteilt. Und in der Versicherungsbranche wie im Kreditwesen beschränken viele Sachbearbeiter ihre Tätigkeit nicht mehr auf die bearbeitende Funktion in des Wortes eigentlichem Sinn, sondern sie erledigen einen Vorgang in seiner Gesamtheit - inklusive der entsprechenden Korrespondenz und Bescheide - mittels eines Computers. Man kann daraus folgern, daß die Kenntnis der 10-Finger-Tastmethode und der DIN-Regeln das Berufsbild der „klassischen Sekretärin" verlassen hat und für einen viel größeren Kreis von Berufstätigen von Bedeutung geworden ist. Dem hat sich nicht zuletzt auch die Schule zu stellen.

-   In allen Bundesländern findet derzeit eine intensive Auseinandersetzung um den richtigen Ansatz und Weg einer „Informationstechnischen Grundbildung" (ITG) als Aufgabe des allgemeinbildenden und beruflichen Schulwesens statt. Dabei geht die allgemeine Tendenz weg von einem mathematisch geprägten informatisch-algorithmischen Ansatz hin zu einem anwendungsorientierten Ansatz, von der Überlegung ausgehend, daß die wenigsten Schüler[*] (professionell) programmieren, hingegen die meisten Schüler den Computer als Werkzeug zur Lösung konkreter Aufgaben - wie der Textverarbeitung - anwenden werden. Zwar ist es nicht die Aufgabe dieses Buches, sich in diese Diskussion einzubringen, es fällt aber auf, daß es inzwischen vielfältiges Material über den Computereinsatz in den einzelnen Fächern gibt, der Bereich der Textverarbeitung sich aber bislang in aller Regel auf die Behandlung der instrumentellen Belange eines spezifischen Textverarbeitungssystems beschränkt. In der allgemeinbildenden Schulpraxis haben sich in den letzten Jahren überwiegend Mathematik- und Techniklehrer mit diesem neuen Medium auseinandergesetzt. Dies führte zu der Situation, daß Textverarbeitung - wenn überhaupt - derzeit eher nebenher gelehrt wird. Sie wird als weniger wichtig empfunden, da die Vermittlung algorithmischen Denkens höhere Priorität genießt. Wird aber Textverarbeitung gelehrt, ist der Unterricht oft kontraproduktiv, da die Bemühungen der Fachlehrer für das Maschinenschreiben um die Belange der 10-Finger-Tastmethode üblicherweise nicht berücksichtigt werden (können), weil die naturwissenschaftlich orientierten Lehrer in aller Regel ihre „private Adler-Suchmethode"

---

[*]   „Schüler", „Lehrer" und „Kollege" verstehen wir bewußt als *geschlechtsneutrale Funktionsbezeichnungen*. Da uns weder die versal geschriebenen Inlaute (KollegInnen) noch die „Bindestrich-Versionen" (der/die Schüler/-in oder die Schüler/innen) gefallen, bliebe nur noch das sich ständig wiederholende „Schülerinnen und Schüler", welches u. E. den Lesefluß erhelblich stört. Wir benutzen deshalb immer die maskuline Funktionsbezeichnung, wobei wir darunter selbstverständlich immer Schülerin und Schüler, Lehrerin und Lehrer, Kollegin und Kollege verstehen.

anwenden. In der konkreten Praxis bedeutet dies, daß die Schüler im Maschinenschreiben die 10-Finger-Tastmethode anwenden *müssen*, während sie in der Computer-AG nach Gusto *tippen dürfen*. Dies kann nicht im Sinne eines integrierenden Unterrichts sein!

Das vorliegende Buch ist deshalb als Anregung zu verstehen, Textverarbeitung und Maschinenschreiben harmonisierend zu verbinden und die Fachlehrer für das Maschinenschreiben zu befähigen, in Zukunft den Bereich der Textverarbeitung zentral zu übernehmen, indem sie die Schülerinnen und Schüler lehren, eine Computertastatur den anerkannten Regeln des Maschinenschreibens entsprechend zu bedienen. Dieses Basiswissen kommt dann nicht zuletzt den anderen Fächern zugute, indem diese - darauf aufbauend - sich vermehrt fachspezifischen Elementen zuwenden und dieselben didaktisch umsetzen können.

b)   FRAMEWORK III

Ohne die Belange einer ITG zu strapazieren, kann man wohl von der These ausgehen, daß Computer in den Schulen keine Eintagsfliegen sind, sondern sich in unterschiedlicher Anzahl und Aufgabenstellung als multifunktionales Werkzeug etablieren werden. Das haben inzwischen nicht nur die Schulfachverlage erkannt, weshalb es eine Vielzahl von Programmen gibt, die selbstredend alle von „hohem didaktischen Gehalt" sein wollen. Gerade im allgemeinen Bereich der Textverarbeitung, wie auch im speziellen Bereich der Tastaturschulung, gibt es eine Fülle von Programmen auf dem Markt. Daß wir diese nicht referieren bzw. didaktisch begleiten und kommentieren, sondern ein integriertes System als Beispiel verwenden, muß seine Gründe haben:

1)   Gehen wir noch einmal zu Punkt a) zurück und versetzen uns gedanklich in eine beliebige Schule. Stellen wir uns vor, die Schüler lernen in der ersten Stunde eines imaginären Schulmorgens Belange der Textverarbeitung mit einem billigen Programm eines beliebigen Verlages oder des Public-Domain-Bereiches. In Mathematik berechnen sie mittels eines Tabellenkalkulationssystems, nehmen wir Multiplan, periodische Zahlungsvorgänge wie Zins- oder Ratenzahlungen und in Gemeinschaftskunde werten sie Daten der Europäischen Gemeinschaft mittels des Datenbanksystems dBASE aus. Unsere Schüler müßten dann in jeder der drei Schulstunden mit der unterschiedlichen Ober-

fläche des jeweils verwendeten anderen Programms zurechtkommen. Diese Fähigkeit stellen wir nicht nur bei Schülern massiv in Frage, ganz davon abgesehen, daß es didaktisch nicht sinnvoll erscheint, in drei Fächern relativ viel Zeit in die instrumentelle Beherrschung des jeweils verwendeten Programms zu stecken, *bevor* mit diesem in *didaktisch sinnvoller und zielgerichteter Weise* gearbeitet werden kann. Dazuhin - stellen wir uns ein Projekt vor - ist es nur unter Mühen möglich, die Ergebnisse der drei verwendeten Programme ineinander zu überführen und gemeinsam zu überarbeiten bzw. darzustellen.

Dieses Beispiel entspricht zugegebenermaßen nicht der Realität, es sollte dies auch gar nicht. Es verdeutlicht aber die unserer Meinung nach unabdingliche Notwendigkeit, sich in der Schule mit zunehmendem Computereinsatz fächerübergreifend auf eine *verbindliche Basis-Software* zu einigen. Dies kann derzeit[*] nach unserem Dafürhalten nur ein integriertes System wie MS-Works oder FRAMEWORK sein. Da ein integriertes System die am häufigsten benötigten und für die Schule wohl ausreichenden Module Textverarbeitung, Tabellenkalkulation, Datenbank und Grafik unter einer einheitlichen Bedienungsoberfläche vereinigt, sinkt der Einarbeitungsaufwand für alle Fächer gleichermaßen, und es werden zunehmend sich über die Fächer hinweg stützende und fördernde Momente wirksam, indem die Anwendung eines Faches den Schülern hilft, die Anforderungen eines anderen Faches zu bewältigen.

---

[*] Es bleibt abzuwarten, inwieweit die vorstellbare Alternative der Betriebssystemerweiterung von WINDOWS 3.0 und die dadurch vereinheitlichte Benutzerführung der jeweils installierten Teilprogramme in den Schulen Fuß faßt. Dies scheint momentan weniger an der Software-Frage als an den mit WINDOWS 3.0 verbundenen Hardware-Kosten, sprich einer höherwertigeren Computerausrüstung, zu scheitern.

Eine weitere Alternative stellt die Macintosh-Familie der Firma Apple dar. Seitens der Bedienungsfreundlichkeit, Selbsterklärung und Vereinheitlichung der Benutzerführung stehen das Betriebssystem und die Programme für den Macintosh seit Jahren ungeschlagen an der Spitze der Beurteilung durch die Fachpresse. Seit Apple im Oktober 1990 seine Hochpreispolitik aufgegeben hat, stellen Macintosh-Rechner mittelfristig eine interessante Alternative für den Schulbereich dar, wenn diese Produktlinie auch noch nicht Eingang in die offiziellen Beschaffungsrichtlinien der Kultusministerien gefunden haben kann.

**Gerade der Bereich der Tastaturschulung - als Grundlage der Textverar-
beitung - kann dabei als zentral angesehen werden, indem er ein Basiswissen zur Verfügung stellt, von welchem alle anderen Fächer aufbauend
profitieren können.**

2)   Daß wir uns für FRAMEWORK III entschieden haben, hat im we-
     sentlichen zwei Gründe. Zum einen, weil es unserer Ansicht nach das
     Moment der Integrierung stärker betont als das konkurrierende MS-
     Works. Zum andern - und das ist der wesentliche Grund - weil es im
     Gegensatz zu MS-Works über eine eingebaute Makrosprache, den FRa-
     mework EDitor (FRED) verfügt. Dieser „FRED" ermöglicht es uns
     beispielsweise, die Programme NEU.FW3 und KORREKTUR.FW3
     auf der Begleitdiskette zur Verfügung zu stellen. Während NEU.FW3
     für den Prozeß der Tastaturschulung - bis auf die alphanumerischen
     - alle Tasten stillegt und interaktiv Aufgaben zur Verfügung stellt,
     bzw. die Schülerleistung korrigiert, leistet das Programm KORREK-
     TUR.FW3 den Einstieg in eine qualitative Fehleranalyse. Die vorge-
     stellten Programme stellen dabei keine Aufforderung zur Selbstpro-
     grammierung durch den Lehrer dar. Sie werden bewußt als „black
     box" zur Verfügung gestellt, denn wenn wir ehrlich sind, nutzen wir
     alle jeden Tag „black box"-Systeme, von welchen wir, nehmen wir den
     Anlasser des Autos, nicht genau wissen, wie sie funktionieren. Der
     Rückgriff auf ein integriertes System hat dazuhin den Vorteil, daß wir
     Elemente der Tabellenkalkulkation und Datenbank integrierend mit-
     einbeziehen können und dadurch in der Lage sind, der Leserin und
     dem Leser dieses Buches eine Vielzahl von Beispieltexten und Muster-
     datenbanken zur Verfügung zu stellen - zur jeweiligen Vorbereitung
     und Ausgestaltung des eigenen Unterrichts.

**Um unsere Texte und Datenbanken - nicht die Programme - auch Kolle-
gen zur Verfügung zu stellen, die nicht über FRAMEWORK III, dafür
über andere Text- bzw. Datenbanksysteme verfügen, haben wir alle Texte im ASCII-Standard-Format mit der Dateierweiterung *.TXT und alle
Datenbanken im dBASE-Format *.DBF auf der Begleitdiskette abgelegt.
So kann der didaktische Ansatz unseres Buches programmübergreifend
erprobt werden - verständlicherweise - ohne die framework-typischen
Programme.**

c)   Lehrgang

Auch unter didaktischen Gesichtspunkten erscheint uns ein „offenes System" wie FRAMEWORK III oder MS-Works geeigneter zu sein, als die Verwendung einer der vielen auf dem Markt befindlichen Programme zur Tastaturschulung. Dabei ist die Tatsache, daß ein separates Programm zur Tastaturschulung der zentralen Forderung nach Bereitstellung *einer* Basissoftware zur fächerübergreifenden Verwendung in einer Schule widerspricht, von zwar nicht untergeordneter, letztlich aber doch sekundärer Bedeutung.

Wesentlich ist vielmehr unsere Erfahrung, daß die weitaus meisten der auf dem Markt befindlichen Systeme als statisch anzusehen und deshalb unter didaktischen Gesichtspunkten als nicht geeignet abzulehnen sind. Wir sind uns bewußt, daß wir ein sehr herbes Urteil fällen und gehen gleichzeitig nicht davon aus, daß die Verwendung von FRAMEWORK III und die Umsetzung unseres Buches alle auftretenden Probleme löst. Wir sind aber davon überzeugt, daß langfristig nur offene und dynamisch an die jeweilige veränderte Unterrichtssituation anpassbare Systeme didaktische Relevanz erlangen und behalten können. Viele käuflich erwerbbare Programme zur Tastatur-Schulung beinhalten ein von den Autoren festgelegtes Übungsprogramm, welches kaum modifiziert, verändert oder ausgetauscht werden kann. Dafür wird einiges an Programmieraufwand betrieben, damit der Rechner gewisse „Show-Effekte" vollführt, indem es in unterschiedlichster Weise piepst und brummt, und die Schüler durch Zeitvorgaben und didaktisch fragwürdige Prozentangaben über Richtig- und Falschschreibungen motiviert werden sollen. Hier ist uns die Beschränkung auf das Wesentliche wichtiger: das Erlernen der Tastatur nach anerkannter und bewährter Methode.

Der Vorteil, den uns FRAMEWORK im Vergleich zu den anderen Systemen bietet ist der, daß jeder Lehrer völlig frei in der Gestaltung seiner Texte ist, und daß jeder beliebige Text unterrichtlich angeboten und umgesetzt werden kann. Da dazuhin sämtliche Funktionen von FRAMEWORK zur Verfügung stehen, können alle Texte ineinander überführt, kopiert, verlagert und auch ausgedruckt werden, so daß die Schüler - quasi automatisch - über die eigentliche Tastaturschulung hinaus im instrumentellen Handling eines Text*verar*beitungssystems bzw. Text*bear*beitungssystems geschult werden.

Insofern sind „Training" (= Tastaturschulung) und „Anwendung" (= Textverarbeitung) keine sich unterscheidenden Gegebenheiten unterrichtlichen Handelns, sondern sich integrierend ergänzende Tätigkeiten prozessualen Charakters. Es ist das Ziel des vorliegenden Buches, dabei Anregungen zu geben.

Wir wollen und können die Tastaturschulung nicht neu erfinden. Ebenso sind wir uns bewußt, daß wir in diesem Buch nicht alle auftretenden Fragen beantwortet haben. So gehen wir beispielsweise auf Fragen der Hardware und des Betriebssystems MS-DOS überhaupt nicht ein und behandeln im Kapitel 1 lediglich das Modul Textverarbeitung ausführlich. Alle anderen Module von FRAMEWORK werden zwar in der konkreten Anwendung besprochen, auf eine reguläre Einführung haben wir aber bewußt verzichtet. In all diesen Fällen erscheint es uns sinnvoller, im Literaturverzeichnis auf entsprechende Veröffentlichungen hinzuweisen.

Heidenheim, im Juli 1991

Sigrid Mandel   Dr. Martin Plieninger

1 Textverarbeitung unter FRAMEWORK III

1.1 Einführung

Glaubt man verschiedenen Umfragen und Marktanalysen, so wird auf den Home- und Personal-Computern in den Büros und häuslichen Arbeitszimmern, den unterschiedlichen Bedürfnissen entsprechend, mit den verschiedensten Programmen gearbeitet - ein Textverarbeitungsprogramm ist aber (fast) immer dabei. So selbstverständlich dies auf den ersten Blick erscheint, lohnt es sich durchaus, für einen Moment darüber nachzudenken. Computer sind - von Spielen einmal abgesehen - keine von der Lebens- und Arbeitswelt des jeweiligen Benutzers losgelöste Maschinen, sondern sie haben in aller Regel die konkrete Aufgabe, für eine - wie auch immer geartete - bessere Bewältigung der Problemstellungen ihres Benutzers zu sorgen. Die meisten Problemstellungen - auch wenn es sich um eine Datenbank über eine hobbymäßig betriebene Briefmarken- oder Schallplattensammlung handelt - bedürfen aber der listenmäßigen Erfassung und des Austausches mit weiteren Personen (= Sammlern, um beim Beispiel zu bleiben). Damit sind in mehrerer Hinsicht Belange der Textverarbeitung angesprochen:

- Zum einen ist es eine altbekannte Tatsache, daß viele Listen, Briefe, Einladungen, Protokolle etc. immer wieder aufs neue ähnlich geschrieben werden müssen. Hier bietet sich die Textverarbeitung an, um Standardtexte als „Rohformular" zu verwenden und den jeweiligen aktuellen Gegebenheiten entsprechend anzupassen.

- Diese Überarbeitungs- und Ergänzungsfunktion hilft einem auch beim „freien Schreiben" von Texten aller Art. Nach unserer Erfahrung entwickeln die Benutzer von Textverarbeitungssystemen nach einer gewissen Eingewöhnungszeit einen ganz neuen, wesentlich dynamischeren Schreibstil, indem weniger mit Papier und Bleistift konzipiert und geschrieben wird, sondern die Möglichkeiten des Löschens, Überschreibens, Kopierens und Verlagerns bzw. des Abspeicherns unter verschiedenen (Datei-)Namen extensiv genutzt werden, was im Ergebnis zu einer wesentlichen Effizienzsteigerung führt. Wer diese Stufe erreicht hat, und sie ist in aller Regel nach einem Vierteljahr intensiver Beschäftigung mit einem (beliebigen) Textverarbeitungssystem erreicht, wird nicht mehr zu seiner Schreibmaschine zurückwollen, und sie wird ihre weitere Zukunft eingepackt in der Ecke verbringen. Das erste

Vierteljahr ist aber zugegebenermaßen mühsam und mit einem Wechsel auf
die Zukunft zu vergleichen.

-      Ziel dieses Kapitel ist es deshalb, diese Eingewöhnungsschwierigkeiten - be-
       zogen auf das Textverarbeitungsmodul von FRAMEWORK III - zu verrin-
       gern, indem die einzelnen Optionen auch für Anfänger nachvollziehbar
       vorgestellt werden. Im Idealfall muß der erwähnte „Wechsel auf die Zu-
       kunft" muß vielleicht nicht prolongiert, sondern kann sogar vorzeitig
       eingelöst werden.

-      Ein dritter Bereich wurde bereits implizit angesprochen. Das integrierte Sy-
       stem FRAMEWORK III lohnt aber, ihn ebenfalls auszuführen. Vom wichti-
       gen Bereich der Korrespondenz einmal abgesehen, ist die Textverarbeitung
       kein „Programm an sich", sondern sie dient der Kommunikation und Publi-
       kation von Arbeitsergebnissen, die in aller Regel mit anderen Programmen
       wie Tabellenkalkulationen und Datenbanken erarbeitet wurden. Bei der
       Übernahme von Daten aus anderen Programmen stellt sich aber grundsätz-
       lich die Frage der *Datenkompatibilität*. Es gilt zu überlegen, ob, auf welchem
       Niveau und mit welchen Mühen, Daten von der Tabellenkalkulation x in
       das Textverarbeitungsprogramm y eingelesen werden können. Dabei ist un-
       ter Umständen selbst die niedrige Ebene des Dezimalcodes eines jeden Buch-
       stabens und Zeichens (ASCII-Code) nicht ohne Tücke. Wieviel komfortabler
       ist da ein integriertes System wie FRAMEWORK III, wo man problemlos
       Daten zwischen Tabellen, Datenbanken und Texten austauschen kann und
       sich dabei gleichzeitig erspart, drei unterschiedliche Bedienungsoberflächen
       zu erarbeiten, was die Einarbeitungszeit nicht unwesentlich erhöhen würde.
       Die gleiche Bedienungsoberfläche über alle Module von FRAMEWORK III
       hinweg stellt deshalb ein wesentliches, nicht hoch genug zu bewertendes
       strukturelles Element eines integrierten Systems dar.

1.2   Grundlegendes zur Arbeit mit Texten

Die Arbeit mit einem Textframe kann auf zweierlei Wegen beginnen. Entweder
lädt man einen bereits bestehenden Frame zur weiteren Bearbeitung von der Diskette oder Festplatte seines Computers, oder man legt einen neuen Textframe an.
Im Menü „NEU" gibt es dazu die Voreinstellung „Frame: Leer/Text". Da ein Menü mit der <Strg>-Taste und dem Anfangsbuchstaben des jeweiligen Menüs auf-

gerufen werden kann (alternativ dazu ist auch die Ansteuerung mit den Cursortasten und die Auswahl mit <Return> möglich), eröffnet man mit der Tastenkombination <Strg-N>F einen neuen Textframe.

Jeder (Text-)Frame braucht einen (Datei-)Namen, unter welchem er nach dem Abspeichern mit <Strg-Return> in einem DOS-Verzeichnis des Betriebssystems geführt wird. Den Namen eines beliebigen Frames können wir immer dann ändern, wenn der Rahmen des Frames hell hinterlegt ist. Haben wir einen Frame neu erzeugt, genügt es, den gewählten Namen über die Tastatur einzugeben und den Vorgang mit <Return> abzuschließen. Bei der Namensvergabe sind die üblichen DOS-Konventionen zu beachten. Vergibt man einen von DOS nicht tolerierten Frame-Namen, ersetzt FRAMEWORK die nicht erlaubten Zeichen durch einen Unterstrich („_"). Wollen wir nachträglich den Namen eines Frames ändern, ist es notwendig, mit der <F11>-Taste* auf den Rahmen des Frames zu gehen, damit dieser hell unterlegt wird. Dann kann mit der <Leertaste> der Frame-Namen in die Editierzeile geholt und bearbeitet werden. Die Namensänderung wird mit <Return> abgeschlossen.

Es ist ein Grundelement von FRAMEWORK III, daß auf der Arbeitsfläche eine beliebige Anzahl von Frames vorhanden sein kann, lediglich begrenzt durch die Größe des zur Verfügung stehenden Arbeitsspeichers. Man kann aber immer nur in einem Frame gleichzeitig arbeiten, weshalb dieser mit den Cursortasten angewählt werden muß. Zusätzlich muß man mit der <F12>-oder <NUM+>-Taste in den aktuellen Frame „hineingehen". Verbildlicht kann man sich die Arbeitsfläche von FRAMEWORK als einen zunächst leeren Schreibtisch vorstellen, auf welchem mehrere Akten (= Frames) abgelegt werden. An diesem versinnbildlichten Schreibtisch kann man nur in einer Akte zur gleichen Zeit arbeiten. Die aktuelle Akte muß dazuhin auch geöffnet werden, um ihren Inhalt bearbeiten, bzw. erweitern zu können. Da es sinnvoll ist, den (Text-)Frame auf Bildschirmgröße aufzuziehen, bietet es sich an, ihn mit der <F9>-Taste zu „zoomen".

---

* Wer mit der älteren Version FRAMEWORK II arbeitet, benutzt statt der <F11>-Taste die <Num->Taste, statt der <F12>-Taste die <Num+>-Taste. Dabei verstehen wir unter „Num" die Tasten im numerischen Eingabeblock.

Hinweis: Die <F9>-Taste beinhaltet gleichzeitig auch die „Hinein"-Funktion
               der <F12>-Taste. Deshalb kann das Drücken der <F12>-Taste un-
               terbleiben, wenn der (Text)-Frame ohnehin mit <F9> auf Bild-
               schirmgröße aufgezogen werden soll.

Die Ausgangsposition zum Schreiben von Texten ist nun erreicht, und wir können
beginnen, einen Text zu (v)erfassen. FRAMEWORK III schreibt Fließtext, d. h.,
das System führt selbständig einen Zeilenumbruch durch, wenn ein Wort nicht
mehr in eine Zeile paßt. In der Überarbeitung kann FRAMEWORK III dann angewiesen werden, sogenannte „weiche Trennzeichen" einzufügen, um dem Text
ein geschlosseneres Aussehen zu geben; doch dazu mehr in Kapitel 1.5. Da das System Fließtext schreibt, verwaltet es den rechten Rand und damit die Anzahl der
Zeichen in einer Zeile selbständig. Die Folge ist, daß am Ende einer Zeile **kein**
<Return>, dem gewohnten Wagenrücklauf der Schreibmaschine entsprechend,
eingegeben werden darf. Sie würden sich sonst der Möglichkeit berauben, Ihren
Text nach anderen, zum Zeitpunkt des Verfassens vielleicht noch gar nicht bekannten Kriterien neu formatieren zu können. Deshalb gilt:

<Return>-Taste nur bei inhaltlich begründeten Textabsätzen!

In einen Textframe kann man 64.000 Zeichen schreiben, das entspricht etwa 20
einzeilig vollgeschriebenen Schreibmaschinenseiten. Allerdings ist es nicht empfehlenswert, Textframes dieser Länge anzulegen, da FRAMEWORK III das wesentlich mächtigere Modul des **Konzeptes** bereitstellt, welches längere Texte auch
hierarchisch strukturieren und mit einer numerischen Gliederung (1. 1.1. ...) versehen kann (s. hierzu die weiterführende Literatur im Literaturverzeichnis).

Wenn man mit <F12> in einen Text „hineinkommt", benötigt man auch eine
Taste, um aus einem Text wieder „hinaus-" (sprich auf den Rahmen des aktuellen
Frames) zukommen. Dies leistet die <F11>- oder <NUM->-'Hinaus'-Taste.
Zwar wäre es schlüssiger, mit dem niedereren Zahlwert der <F11>-Taste in ei-
nen Text hinein- und mit dem höheren Zahlwert der <F12>-Taste aus dem Text
hinauszukommen, aber dem ist nun mal nicht so.

Zum *Schreiben* gehörte immer auch das *typographische Gestalten* von Texten. So zeigte Christian Morgenstern in seinen Galgenliedern schon 1905, wie wichtig die Einbeziehung mikro- (Art, Stärke und Größe der Drucktypen) und makrotypographischer Elemente (typographische Gestaltung inhaltlich zusammenhängender Textelemente) in die Textedition sind. Abbildung 1.1 verdeutlicht dies sinnbildlich. Ein Textverarbeitungsprogramm bietet uns aber erst heute die Möglichkeit, typographische Elemente quasi spielerisch einzusetzen und sie so oft und lange zu modifizieren, wie es notwendig erscheint.

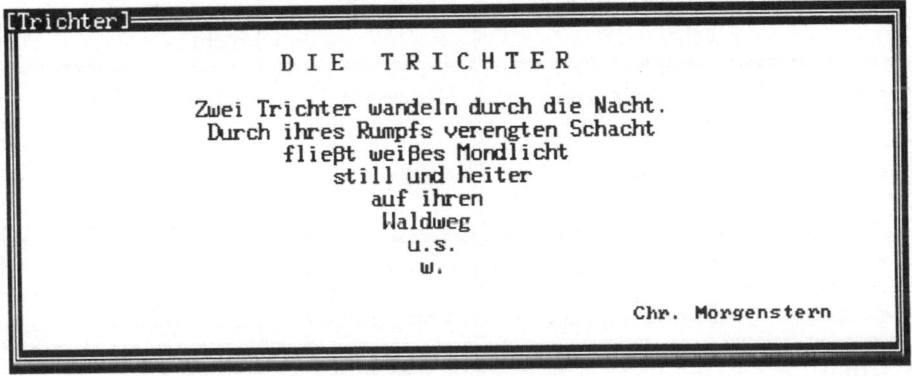

Abb. 1.1:   Textgestaltung unter FRAMEWORK III

1.3 Cursorbewegungen bei der Textverarbeitung

Für die Textverarbeitung gelten folgende Cursorbewegungen:

Taste	Funktion	< Strg-Taste >	Funktion
< ◄ >	Ein Zeichen nach links	< Strg-◄ >	Ein Wort nach links
< ► >	Ein Zeichen nach rechts	< Strg-► >	Ein Wort nach rechts
< ▲ >	Eine Zeile nach oben	< Strg-▲ >	Einen Satz zurück
< ▼ >	Eine Zeile nach unten	< Strg-▼ >	Einen Satz weiter
< Pos 1 >	Zum Zeilenanfang	< Strg-Pos 1 >	Zum Textanfang
< Ende >	Zum Zeilenende	< Strg-Ende >	Zum Textende
< Bild-↑ >	Zum Bildschirmanfang, dann bildschirmweise rückwärts blättern	< Strg-Bild-↑ >	Einen Absatz zurück
< Bild-↓ >	Zum Bildschirmende, dann bildschirmweise vorwärts blättern	< Strg-Bild-↓ >	Einen Absatz nach vorne

Tab. 1.1:   Cursor-Bewegungen im Textframe

1.4   Textkorrekturen und Textänderungen

In Abbildung 1.2 sind zwei Möglichkeiten ausgewiesen, wie Text gelöscht werden kann, außerdem sind „unsichtbare Zeichen" angezeigt.

-   Mit der **<Entf>**-Taste löscht man das Zeichen, auf welchem der Cursor momentan steht, in Abbildung 1.2 also das fälschlich geschriebene „o". Der folgende Text rückt von rechts nach. So stünde der Cursor nach dem Löschvorgang auf dem korrekten „t" von „automatisch".

-   Mit der **<Rücklöschtaste>** (<Backspace>-Taste) wird das (falsche) Zeichen links von der aktuellen Cursorposition gelöscht. Würden wir das falsch geschriebene „o" in Abbildung 1.2 statt mit der <Entf>- mit der <Rücklösch>-Taste löschen, würde nicht das „o", sondern das links davon befindliche (richtige) „u" gelöscht werden.

```
[Text·1¶]════════════════════════════════════════
Vorübung·zum·Schreiben·von·Texten:¶
¶
     In·diesen·Text·sind·mit·Absicht·Fehler·und··Anordnungen·ein≈·
     gebaut,··die·einer·guten·Textgestaltung·entgegenstehen.·Beim·
     Korrigieren··und·Umgestalten·von·Text··sind··zunächst·einmal·
     die·folgenden·Textoperationen·von·Bedeutung:¶
¶
1.·Vorwärts·löschen·(Löschen·an·Ort·und·Stelle):¶
Cursor·auf·das··erste·Löschzeichen·setzen.··Taste·"Entf"·mehrfach·
betätigen.¶
(Beim··Löschen·wird·der··Text·rechts·vom·Cursor··automatisch·zur·
Lösch%stelle·geführt.)¶
¶
2.·Rückwärts·löschen:¶
Cursor·unmittelbar·hinter··den·Löschtext·setzen.··Rücktaste·"<=="·
mehrmals·betätigen.¶
(Beim·Löschen·bewegt·sich·der·CuABCrsor·und·der·Text··ab·dem·Cur≈·
sor·n%ach·links.)¶
¶
```

Abb 1.2:   Vorwärts-/Rückwärtslöschen in FRAMEWORK III (mit „unsichtbaren" Zeichen)

Oft ist allerdings nicht nur ein einzelner Buchstabe, sondern eine Phrase, ein Satz oder Absatz, vielleicht sogar ein ganzer (Text-)Frame zu löschen. Dann wäre es umständlich, oder im Fall des ganzen Frames gar unmöglich, buchstabenweise vorzugehen. Man kann dann folgende **allgemeingültige** frameworkspezifische Regel anwenden:

-     Ist nur ein einzelner Buchstabe markiert, wird auch nur ein einzelner Buchstabe gelöscht. Ist eine Zeile markiert, bezieht sich die Löschfunktion auf die ausgewählte Zeile, bzw. einen ausgewählten Absatz oder (Text-)Frame. Konkret wirkt sich ein Löschvorgang über mehr als einen Buchstaben aus, indem man mit <F6> (= Auswahl) und den entsprechenden Cursortasten (s. Kap. 1.3) einen größeren Bereich markiert. So geht man beispielsweise zuerst mit <Pos1> an den Anfang einer Zeile, drückt <F6>, gelangt mit <Ende> an das Ende einer Zeile und beendet die Auswahl mit der <Return>-Taste. Die ganze Zeile ist jetzt invertiert bzw. hell unterlegt und kann durch das Drücken der <Entf>-Taste insgesamt gelöscht werden. Will man einen ganzen Frame löschen, geht man mit <F11> auf den Rahmen des Frames. Jetzt ist quasi der gesamte Frame unterlegt. Er kann deshalb mit der <Entf>-Taste auch auf einmal samt seines Inhalts gelöscht werden.

> **Eine Funktion bezieht sich in FRAMEWORK III immer auf den ausgewählten (= markierten) Bereich!**

Hinweis: Als Voreinstellung ist in FRAMEWORK III ein „Änderungsschutz" aktiviert, der vor jeder substantiellen Änderung eines ganzen Frames eine Sicherheitsabfrage durchführt. Diese Voreinstellung kann im „Setup" von FRAMEWORK III auch abgeschaltet werden.

Es kommt öfters vor, daß im Eifer des Gefechts zuviel oder das Falsche gelöscht worden ist. Man kann sich dann zunutzemachen, daß FRAMEWORK III im Menü „Editieren" über eine Rücknahme-Option verfügt (s. Abb. 1.3). Diese stellt man sich am besten als eine Art Zwischenspeicher vor, in dem die jeweils letzte Tätigkeit abgelegt, bevor sie durch die nächstfolgende Tätigkeit überschrieben wird und damit endgültig verloren ist. Selbst ein Frame, der versehentlich von der Arbeitsfläche gelöscht wird, kann durch <Strg-E>R zurückgeholt werden. Allerdings muß dies **sofort** nach dem Löschvorgang geschehen, noch bevor eine andere Tätigkeit den Frame im Zwischenspeicher überschreibt.

Hinweis: Die Rücknahme des Löschvorgangs auf der Arbeitsfläche von FRA-
              MEWORK III ist strikt vom Löschen eines Frames auf Diskette oder
              Festplatte zu unterscheiden. Zwar wird auch ein Frame bzw. eine be-
              liebige Datei von Framework aus auf der Diskette oder Festplatte
              durch die Betätigung der <Entf>-Taste gelöscht. Der Befehl wird
              hier gleichbedeutend zum „DELETE"-Befehl auf der DOS-Ebene ge-
              braucht. Ohne spezielle Hilfsprogramme ist der Löschvorgang auf der
              DOS-Ebene aber nicht umkehrbar, weshalb FRAMEWORK III vor
              dem Löschen einer Datei von der Diskette/Festplatte die Sicherungs-
              abfrage durchführt: „Soll die Datei wirklich gelöscht werden?"

Eine weitere Möglichkeit, Text zu editieren, soll der Vollständigkeit halber angesprochen werden, auch wenn sie in der Praxis nicht so häufig verwendet werden
wird. In der Voreinstellung befindet sich FRAMEWORK III im sogenannten **Ein-
fügemodus**. Das heißt, daß ein neuer Text einen bestehenden Text nicht überschreibt, sondern ihn quasi „vor sich herschiebt". Manchmal kann es aber durchaus sinnvoll sein, alten Text durch einen neuen Text zu überschreiben, weshalb
man FRAMEWORK III in den **Überschreibemodus** schalten kann. Dies geschieht
ebenfalls im Menü „Editieren", wie Abbildung 1.3 zeigt.

Durch <Strg-E>V wird - wie bei einem Lichtschalter - „Vorhandenes Überschreiben" ein- oder ausgeschaltet, wobei die Funktion in der Voreinstellung ausgeschaltet ist, ansonsten würde statt der beiden Spiegelstriche „Ja" stehen.

Abbildung 1.2 weist uns noch auf einige weitere Gegebenheiten hin. Dem Betrach-
ter fallen die Zeichen

.   ¶   ·   ≈

auf, wobei uns momentan nur die beiden ersten interessieren.

Im genannten Menü „Editieren" gibt es mit <Strg-E>U einen weiteren Wechselschalter, der „Unsichtbare Zeichen darstellen" ein- oder ausschaltet (s. umseitige
Abb. 1.3). Diese „unsichtbaren Zeichen" sind nur auf dem Bildschirm, nicht im
Ausdruck eines Textes sichtbar. Dabei repräsentiert das „."-Zeichen ein Leerzeichen, wie es nach dem Drücken der Leertaste eingefügt wird, und das „¶"-Zeichen
einen „harten Zeilenumbruch", wie er durch die <Return>-Taste am Ende eines
Absatzes erzwungen wurde. Die Darstellung dieser Zeichen auf dem Bildschirm

weist auf zweierlei hin: Zum einen wird durch diese Darstellung das Überarbeiten von Texten erleichtert, weshalb wir diese Darstellung für Überarbeitungsphasen empfehlen. Zum anderen wird dadurch verdeutlicht, daß Leer- und <Return>-Zeichen letztlich „normale" Zeichen sind, wie ein „a", eine „7" oder ein „?". In der Konsequenz dieser Sichtweise lassen sich deshalb <Leer>- und <Return>-Zeichen wie alle anderen Zeichen vorwärts oder rückwärts löschen und im Vorgriff auf spätere Ausführungen auch kopieren und verlagern.

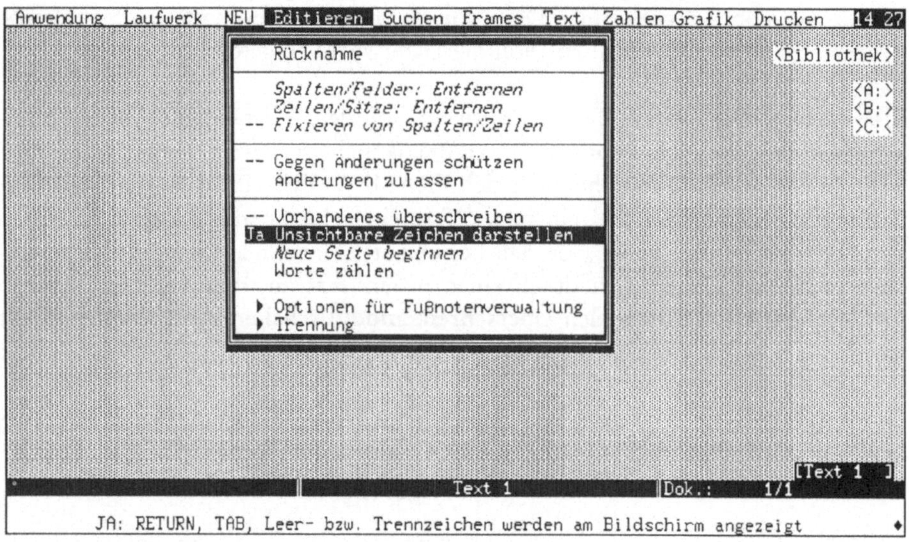

Abb. 1.3:   Menü 'Editieren' in FRAMEWORK III

Von der Schreibmaschine herkommend, denkt man zuerst „leer" sei „nichts" und ein Wagenrücklauf habe keine inhaltliche Komponente. Diese Denkweise, und das ist eine Kernaussage dieses Kapitels, ist bei der Arbeit mit beliebigen Textverarbeitungssystemen falsch, weshalb es für Anfänger durchaus sinnvoll sein kann, anfänglich die „unsichtbaren Zeichen" grundsätzlich eingeschaltet zu haben, um die Zeichenhaftigkeit von <Leer>- und <Return>-Taste samt ihrer Äquivalenz zu den „üblichen" Zeichen und Buchstaben auch visuell zu erfahren und sich dadurch leichter vom Denkansatz der klassischen Schreibmaschine lösen zu können.

1.5   Texte gestalten

Neben den Möglichkeiten der Textüberarbeitung bzw. -revision sind sicherlich die gestalterischen Freiheiten bei der Formatierung eines Textes Hauptargumente für die Verwendung eines Textverarbeitungssystems (s. Abb 1.1), verbunden mit der Option, verschiedene Schriftarten zu nutzen. Für beide Fälle ist das Menü „Text" maßgeblich, welches in Abbildung 1.4 ausgewiesen ist, und auf welches wir uns im nachfolgenden des öfteren beziehen. Für die formale Gestaltung eines Textes (linker/rechter Rand, Einzug ...), wie für die Auswahl der Schriftart gibt es grundsätzlich zwei Möglichkeiten:

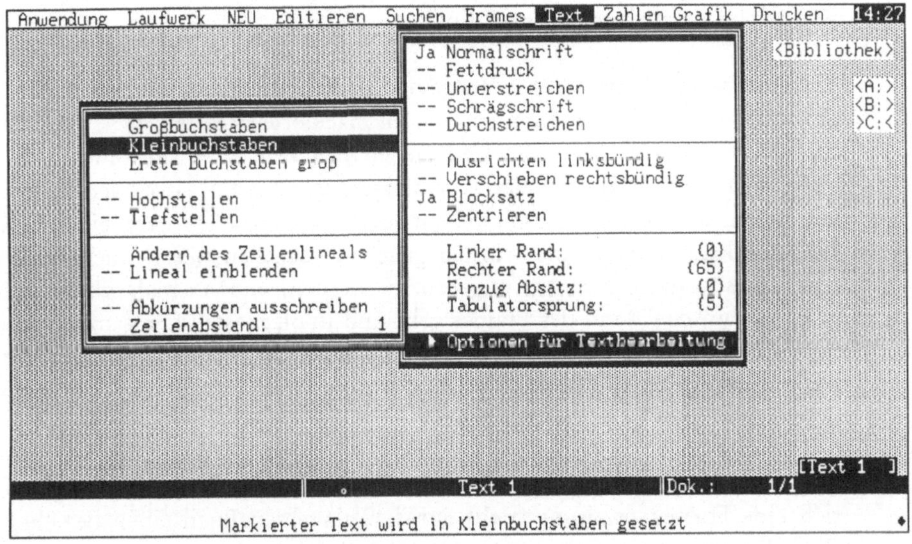

Abb. 1.4:   Menü 'Text' in FRAMEWORK III

-    Der ganze Text oder ein Teiltext (Absatz) wird beim Verfassen bereits mit den jeweiligen Formatanweisungen geschrieben. Dazu ist es notwendig, **vor** dem Schreiben die notwendigen Einstellungen im Menü „Text" vorzunehmen. Wird am Ende eines Textframes oder in einem leeren Textframe eine bestimmte Einstellung wie linker Rand oder Fettdruck eingestellt, bleibt diese Voreinstellung erhalten, bis sie ausdrücklich wieder ausgeschaltet bzw. geändert wird. Diese Vorgehensweise ist dann angebracht, wenn innerhalb des

Textes oder Teiltextes keine Formatänderungen zu erwarten sind, und sich der Verfasser über den Aufbau des Textes bereits im klaren ist.

- Der Text wird ohne Berücksichtigung der Formatierungswünsche geschrieben und wird erst beim Überarbeiten „in die richtige Form" gebracht. Dies kann dann sinnvoll sein, wenn man die genaue Struktur des Textes noch nicht klar vor Augen hat oder von vornherein weiß, daß der zu verfassende Text noch substantielle Änderungen erfahren wird. In diesem Fall wird der Text erst **nach** dem Verfassen mit den notwendigen Formatattributen versehen. Der Unterschied wird deshalb so betont, weil nun die gleichen strukturellen Merkmale von FRAMEWORK III zum Tragen kommen, wie sie in Kapitel 1.4 beschrieben worden sind.

Textgestaltende Attribute wie **Fettdruck**, Unterstreichen, Durchstreichen, *Schrägschrift* beziehen sich immer auf den markierten Textteil. Will man beispielsweise mehr als einen Buchstaben fett drucken, ist es notwendig, über <F6> und die entsprechenden Cursortasten (s. Kap. 1.3) zuvor den Bereich auszuwählen, der auf dem Bildschirm und im Druck fett erscheinen soll. Dadurch kann zum Beispiel - in der gleichen Vorgehensweise - auch der Inhalt eines ganzen Frames fettgedruckt werden, indem man zuvor mit <F11> auf den Rand des Frames geht und infolgedessen der ganze Frame vom Cursor hell hinterlegt wird. Bei Optionen, die den ganzen Frame betreffen, erfolgt allerdings vor der Ausführung einer gewählten Option die bereits erwähnte Sicherheitsabfrage.

Bei Formatangaben wie linker/rechter Rand, Einzug, Blocksatz etc. kann sich eine Formatanweisung **nicht** auf den einzelnen Buchstaben beziehen. Deshalb gilt eine Formatanweisung immer bis zum nächsten „harten" <Return> als Zeichen für einen abgeschlossenen Absatz, es sei denn, daß mit <F6> ein größerer Bereich oder mit <F11> der ganze Frame als Bezugsort ausgewählt wurde. Dies ist auch der tiefere Grund für die Aussage in Kapitel 1.2, harte Zeilenumbrüche nur bei Absätzen bzw. für Leerzeilen zu verwenden. Man vergibt sich sonst die Möglichkeit, einen Text nachträglich nach anderen Gesichtspunkten neu zu formatieren und bleibt letztlich in dem durch die Schreibmaschine geprägten statischen Textverständnis haften. Dagegen faßt der Computer Text(e) als dynamische, jederzeit veränderbare Größe auf, die dadurch wesentlich flexibler handhabbar ist. Nur, man muß den Computer auch „können lassen dürfen."

1.5.1   Text formatieren

Beim Schreiben eines Textes muß sich der Verfasser entscheiden, ob er einen Text:

- linksbündig (= Voreinstellung) <Strg-T>A,
                                        - rechtsbündig <Strg-T>V,
                       - zentriert <Strg-T>Z

oder im Blocksatz <Strg-T>B schreiben will. Dabei wird die zentrierte Darstellung eines Textes in aller Regel für Überschriften verwendet und die rechtsbündige Darstellung ist beispielsweise für die Ausweisung des Datums am rechten Rand eines Briefes gedacht. Fließtext wird in aller Regel linksbündig oder im Blocksatz geschrieben werden. Da FRAMEWORK III nach wie vor Proportionalschrift nur über Umwege verwaltet*, wird - im Gegensatz zur Proportionalschrift - beim Blocksatz nicht der Zwischenraum zwischen den einzelnen Buchstaben dynamisch verwaltet, sondern es werden zwischen die einzelnen Wörter zusätzliche Leerzeichen eingefügt. Um diese Leerzeichen von „normalen" Leerzeichen unterscheiden zu können, werden sie als etwas dickere Punkte dargestellt, falls die Option „unsichtbaren Zeichen" eingeschaltet ist. Es ist das dritte, noch nicht besprochene Zeichen auf Seite 25. Diese Methode hat den großen Nachteil, daß lange Wörter durch den automatischen Umbruch große Textlücken erzwingen, was dem Zweck des Blocksatzes - einen Text möglichst geschlossen erscheinen zu lassen - entgegenläuft.

Generell, besonders aber beim Blocksatz, ist es deshalb notwendig, nach dem Verfassen eines Textes die in FRAMEWORK III vorhandene Trennroutine aufzurufen, die nach unserem Dafürhalten hervorragend ist. Am besten geht man mit <F11> auf den Rand des zu bearbeitenden Frames und ruft mit <Strg-E>T die Trennroutine auf (s. Abb. 1.3). Das Dreieck (▸) vor dem uns betreffenden Menüpunkt „Trennung", weist darauf hin, daß die „Trennung" über ein Untermenü

---

* Für die Laserjet-Familie von Hewlett-Packard und die Okidate-Laserline gibt es eine Ausnahme. Wie in „DIE TIPS" von Ashton Tate: August 1989, S. A-15 bis A-18 beschrieben, können Druckertreiber für diverse Cartridges bzw. Softfonts angegeben werden, um Proportionalschriften der Helvetica- und Times Roman-Familie nutzen zu können. Da die Anzahl der Zeichen in einer Zeile auf dem Monitor aber nicht zwangsläufig der Anzahl der Zeichen einer Zeile auf dem Ausdruck entspricht, und FRAMEWORK III über keine Druckvorschau-Funktion verfügt, ist diese Möglichkeit nur bedingt zu empfehlen.

verfügt, welches über den ersten Buchstaben (hier: T) geöffnet wird. Rufen wir dieses Untermenü auf, haben wir die Möglichkeit, jeweils wieder über die Auswahl des ersten Buchstabens, ein „Trennzeichen ein(zu)fügen" oder „Im markierten Bereich (zu) trennen". Die erste Option fügt lediglich ein einzelnes Trennzeichen ein. Dagegen trennt die zweite Option konstistent zur der bereits mehrfach erwähnten Struktur von FRAMEWORK III im jeweils ausgewählten Bereich oder, wie jetzt gewünscht, im ganzen Frame. Wir sprechen hier von sogenannten **weichen Trennzeichen**, da sie im Sinne eines dynamischen Textverständnisses nur bei zeilenverändernden Um- oder Neuformatierungen am Zeilenrand aktiviert werden, ansonsten aber unsichtbar bleiben. Lediglich bei eingeschalteten „Unsichtbaren Zeichen" sind sie als „≈" sichtbar, wie aus Abbildung 1.2 ersehen werden kann.

Die Randgestaltung ist abhängig von dem im Menü „Drucken" und im Menü „Text" gesetzten linken Rand. Durch das Fehlen der Proportionalschrift steht uns in FRAMEWORK III lediglich „Courier" bzw. „Pica" mit 10 Zeichen pro Zoll als Standardschrift zur Verfügung. Auf einem DIN A4 Blatt (Hochformat) finden demzufolge in einer Zeile maximal 80 Zeichen Platz. Als Voreinstellung ist im Menü „Drucken" ein linker Rand von 10 Zeichen definiert, im Menü „Text" ein rechter Rand von 65 Zeichen. Dabei ist zu beachten, daß dieser rechte Rand **nicht** den effektiven rechten Rand bezeichnet, sondern richtiger als die Anzahl der Zeichen in einer Zeile zu verstehen ist. Der effektive (= unbedruckte) rechte Rand errechnet sich wie in Abbildung 1.5 aufgezeigt. Aus dieser kleinen Rechnung, wie auch aus den Abbildungen 1.6 und 1.7 wird deutlich, daß [„linker Rand" im Menü „Text"] (s. Abb. 1.4) und der {„Rand links" im Menü „Drucken"} verschiedene Bedeutungen haben. Im Menü „Drucken" wird der für den **ganzen** Frame gültige linke Rand definiert. Der linke Rand im Menü „Text" ermöglicht - beispielsweise für einzelne Absätze - die Definition eines positiven oder negativen Einzuges, der zu Lasten der Anzahl der Zeichen pro Zeile geht, wie sie im Menü „Text" unter „Rechter Rand" definiert sind.

Anzahl der Zeichen pro Zeile		80
Rand links (Menü 'Drucken')	-	10
rechter Rand (Menü 'Text')	-	65
effektiver unbedruckter <u>rechter</u> Rand	=	5

Abb. 1.5:   Berechnung des effektiven rechten Randes in FRAMEWORK III

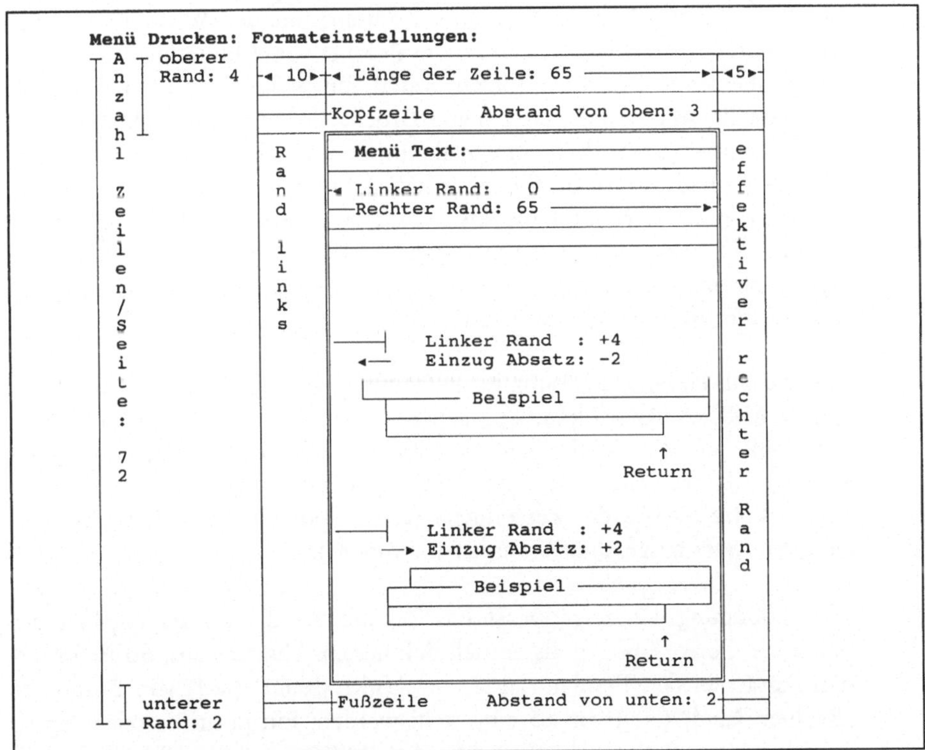

Abb. 1.6:   Textformatierung in FRAMEWORK III

Die Einstellung des linken und rechten Randes, eines positiven oder negativen Einzuges und der Tabulatorschrittweite kann auf mehrere Weisen erfolgen:

- Die „klassische Art" ist die Einstellung über das Menü „Text" (s. Abb. 1.4). Durch <Strg-T>L kann der linke Rand verändert und mit <Return> dem System übergeben werden. Ebenso wird mit dem Funktion „Rechter Rand" durch den Aufruf <Strg-T>R verfahren. Auch die Voreinstellung des Tabulators (= 5) kann mit <Strg-T>T verändert werden. Der Tabulator ist im übrigen ebenfalls ein Zeichen, welches bei der Darstellung der „unsichtbaren Zeichen" mit „<---->" ausgewiesen wird und entsprechend dem <Leer>- und <Return>-Zeichen wie ein normales Zeichen behandelt, also gelöscht, kopiert und verlagert werden kann. Wie aus Abbildung 1.6 ersichtlich ist, erfolgt ein positiver oder negativer (s. u.) Einzug der ersten Zeile eines Absatzes über eine Kombination der Werte für „linker Rand" und „Einzug Absatz". Um beim Beispiel von Abbildung 1.6 zu bleiben: In beiden Fällen wird „linker Rand" mit <Strg-T>L 4 <Return> auf 4 gestellt, wodurch ab der zweiten Druckzeile ein absoluter linker Rand von 14 definiert ist. Soll die erste Zeile um zwei Zeichen nach links versetzt sein, also einen negativen Einzug erhalten, wird dies mit <Strg-T>E -2 <Return> definiert. Soll die erste Zeile um zwei Zeichen nach rechts versetzt sein, also einen positiven Einzug erhalten, wird statt -2 +2 eingegeben, wobei man sich das positive Vorzeichen bei der Eingabe sparen kann, es dient hier nur zur Verdeutlichung.

- Eine weitaus elegantere Lösung ist die Benutzung des Zeilenlineals. Im Setup von FRAMEWORK III kann angegeben werden, ob dieses Zeilenlineal standardmäßig auf dem Bildschirm eingeblendet wird oder nicht. Zusätzlich kann im Untermenü „Optionen für Textbearbeitung" im „Text"-Menü durch <Strg-T>OL das Zeilenlineal für die aktuelle FRAMEWORK-Sitzung ein- oder ausgeschaltet werden (s. Abb. 1.4).

Wie Abbildung 1.7 zeigt, weist das Zeilenlineal die Formatangaben des durch die Cursorposition als aktuell definierten Absatzes aus. So ist im ersten Absatz in der Tabulatorleiste ein „Linker Rand" (= [) von 5 und ein „Rechter Rand" (=]) von 65 eingestellt worden. Ein positiver oder negativer Einzug wird durch das Drücken der „#"-Taste erreicht. Will man beispielsweise einen Einzug von 4, drückt man an Position 4 in der Tabulatorleiste „#". In Abhängigkeit des aktuell gewählten linken Randes bzw. des „["-Zeichens ist der Einzug dann positiv oder neagtiv. Die Tabulatorleiste kann durch <Strg-Bindestrich> zur Anzeige oder Änderung eingeschaltet werden, s. Abbildung 1.7. Auch Tabulatoren und Dezimaltabulatoren kann man auf leichte Weise setzen bzw. löschen. Auch hier gilt im übrigen, daß mit <F6> größere Bereiche als aktuell markiert gekennzeichnet werden können bzw. mit <F11> der ganze Frame in eine Option einbezogen werden kann.

Eine weitere Vereinfachung bietet die Tastenkombination <Strg-Tab> bzw. <Shift-Tab>. Mit ihr können ganze Absätze bis zum jeweils nächsten Tabulatorstop ein- bzw. ausgerückt werden. Will man z. B. wie in Abbildung 1.7 den ersten Absatz um eine Tabulatorposition **einrücken**, geht man mit dem Cursor an den Anfang des Absatzes (hier: „I") und betätigt <Strg-Tab>. <Strg-Tab> kann auch mehrfach hintereinander angewendet werden. Soll ein negativer (= hängender) Einzug definiert werden, muß dies vor dem Schreiben des Textes geschehen. So schreibt man beispielsweise „1. ", betätigt <Strg-Tab> und gibt dann seinen Text ein. Der Effekt ist der gleiche, wie oben beschrieben, nur ist das Vorgehen wesentlich vereinfacht.

Der gegenteilige Befehl zu <Strg-Tab> ist <Shift-Tab>. Mit ihm kann **nachfolgender Text** jeweils eine Tabulatorposition hinausgerückt werden.

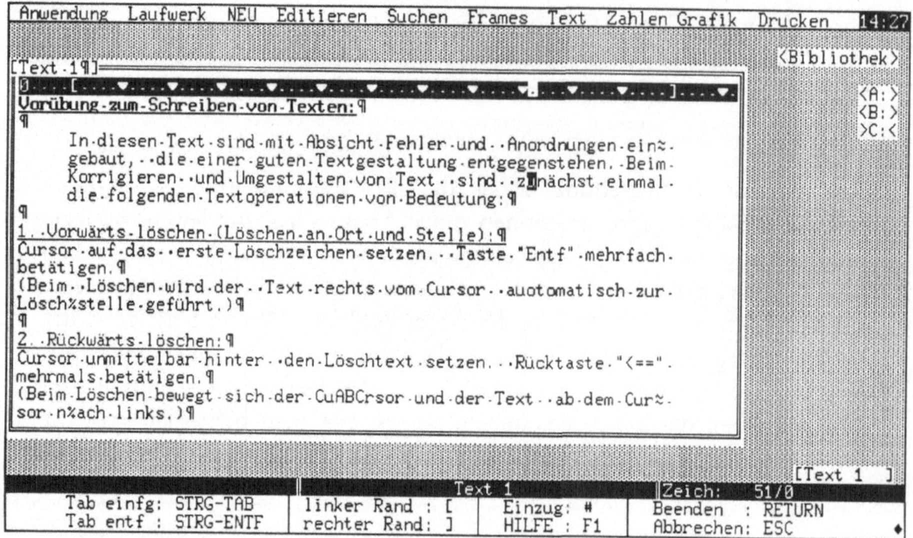

Abb. 1.7:   Zeilenlineal in FRAMEWORK III

1.5.2   Seitenumbruch

Die Anzahl der Zeilen, die auf einer Druckseite Platz finden, ist von den Vorgaben im Menü „Drucken" abhängig. In Abhängigkeit dieser Werte, können Sie sich mit < Strg-F > Z den Seitenumbruch anzeigen lassen. Allerdings empfiehlt es sich in der Praxis, einen Text „runterzuschreiben" und sich erst am Schluß der Überarbeitungsphase um einen korrekten Seitenumbruch zu bemühen. Man wird dann bei längeren Texten in aller Regel feststellen können, daß der vom System gesetzte (= „weiche") Seitenumbruch nicht in allen Fällen den eigenen Vorstellungen entspricht. Deshalb kann vom Anwender ein Seitenumbruch mit < Strg-E > N („Neue Seite beginnen") erzwungen werden. Dieser „harte" Seitenumbruch wird durch eine dicke Linie (▬▬) symbolisiert, die bei sich ändernden Gegebenheiten wie jedes Zeichen gelöscht werden kann.

Hinweis: Schreiben oder korrigieren Sie nach der Anzeige der (harten oder weichen) Seitenumbrüche weiter, so wird die Anzeige nicht laufend angepaßt. Sie aktualisieren diese Anzeige, indem Sie zweimal die

Tastenfolge <Strg-F>Z betätigen, da die Anzeige des Seitenumbruchs ebenfalls nach dem Prinzip eines Wechselschalters aufgebaut ist.

1.5.3 Schriftarten

Von Haus aus ist FRAMEWORK III mit den Schriftarten

- Normalschrift   <Strg-T>N   - *Schrägschrift*   <Strg-T>S
- **Fettdruck**   <Strg-T>F   - ~~Durchstreichen~~   <Strg-T>D
- <u>Unterstreichen</u>   <Strg-T>U

ausgestattet. Sie werden über das Textmenü ausgewählt, s. Abbildung 1.4. Dabei kann man - wie bei der Formatierung eines Textes - die gewünschte Schriftart **vor** dem Schreiben auswählen. Wenn man sich am Ende eines Textframes befindet (und auch in einem neuen, sprich: leeren Textframe ist man am „Ende", wenn man mit <F12> „hineingegangen" ist) und beispielsweise mit <Strg-T>F „Fettdruck" eingeschaltet hat, wird bis zur Auswahl einer neuen Option alles Neugeschriebene fett ausgedruckt. Will man dagegen **nachträglich** einen bereits geschriebenen Text mit einem anderen Textattribut versehen, bezieht sich die Auswahl - wie beim Löschen mit der <Entf>-Taste - auf den vom Cursor markierten Textbereich. Steht der Cursor beispielsweise auf nur einem Buchstaben, wird nur der eine Buchstabe **fett** gedruckt. Will man einen Absatz oder einen ganzen Frame mit einem entsprechenden Attribut versehen, muß der gewählte Bereich zuvor mit <F6> ausgewählt werden, oder man geht mit <F11> auf den Rahmen des Frames, um den ganzen Frameinhalt in die Auswahl der Schriftart einzubeziehen.

Auch eine Mehrfachauswahl ist möglich, indem beispielsweise ein Wort **fett** und <u>**unterstrichen**</u> dargestellt werden kann. Der Auswahl entsprechend, sind die Optionen <Strg-T>F und <STRG-T>U in beliebiger Reihenfolge einzugeben.

> **Mit < Strg-T > N werden *alle* Schriftarten wieder zurückgesetzt.**

Einzelne Schriftattribute können auch dadurch aufgehoben werden, daß der Bereich, auf den sich die Option bezieht, mit dem Cursor markiert und das entsprechende Schriftattribut mit < Strg-T > < Entf > gelöscht wird.

Leider können u. U. nicht alle hier aufgeführten Schriftarten auf dem Monitor dargestellt und/oder auf dem Drucker ausgegeben werden. Der Monitor kann dann Schrägschrift oder durchgestrichene Schrift nicht darstellen, wenn im Setup der „generelle (Graphik)Treiber" installiert werden mußte, was aber nur noch bei wenigen alten Graphikkarten notwendig sein dürfte.

Bei einem (Matrix-)Drucker ist die Sache differenzierter zu betrachten. Wenn Sie einen IBM-Graphik-Drucker benutzen, oder einen Drucker besitzen, der einen IBM-Matrixdrucker emuliert (= nachbildet), können Sie zwar Sonder- und Graphikzeichen darstellen, aber keine *Schräg-* bzw. *Kursivschrift*. Umgekehrt können Sie bei der Verwendung eines Epson-Druckers - oder einer entsprechenden Emulation - zwar Schrägschrift darstellen, dafür haben Sie aber keine Sonder- und Graphikzeichen zur Verfügung. Der Hintergrund ist folgender: Für die *Schrägschrift* benötigt der Drucker einen vollständigen zweiten Zeichensatz. Durch die Begrenztheit der zur Verfügung stehenden Dezimalcodes kann nur alternativ ein zweiter Zeichensatz, hier die *Schrägschrift*, oder aber eine Reihe von Sonder- und Graphikzeichen, wie sie in Abbildung 1.5 verwendet wurden, zur Verfügung gestellt werden. Während Sie bei reinen IBM- bzw. Epson-Matrixdruckern keine Wahl haben, können Matrixdrucker vieler anderer Firmen wahlweise IBM- oder Epson-Matrixdrucker emulieren[*].

Um letztlich dennoch beide Optionen zur Verfügung zu haben, bietet FRAMEWORK III die Möglichkeit, Steuersequenzen für den emulierten Drucker bzw. den gewünschten Zeichensatz direkt in den Textframe zu schreiben. Der in der Fußnote benannte STAR LC-10 soll uns als Beispiel dienen. Nehmen wir an, wir hätten

---

[*] Einige Drucker, die einen IBM-Matrixdrucker emulieren, stellen zwei IBM-Zeichensätze zur Verfügung, die dann wiederum alternativ *Schrägschrift* bzw. Graphik-/Sonderzeichen beinhalten. Dies ist beispielsweise beim STAR LC-10 Drucker der Fall, er kann softwaremäßig zwischen beiden Zeichensätzen umgeschaltet werden.

den Drucker hardwaremäßig auf den ersten IBM-Zeichensatz eingestellt. In diesem Zustand druckt er - wie ein Epson-Drucker - *Schrägschrift*. Um im Text auch die Graphik- und Sonderzeichen nutzen zu können, muß der Drucker softwaremäßig auf den zweiten IBM-Zeichensatz umgestellt werden. Dies geschieht, indem **in** den Textframe, **vor** die benutzten Graphik-/Sonderzeichen die Steuersequenz „←6" eingegeben wird. Dabei steht „←" für „Escape". Dieses Zeichen weist den Drucker an, die nachfolgende Steuersequenz, hier die „6", nicht auszudrucken, sondern als „Schaltzeichen" zu verwenden. Nach der Verwendung der Graphik-/Sonderzeichen, muß der Star LC-10 dann mit „←7" wieder in den ersten IBM-Zeichensatz zurückgeschaltet werden. Der Vorteil dieses Verfahrens liegt in seiner großen Variabilität, da über Steuersequenzen nicht nur alternative Zeichensätze, sondern beispielsweise auch Schriftarten ausgewählt werden können, die FRAMEWORK III von Haus aus nicht unterstützt. Allerdings gelten die gleichen Einschränkungen bezüglich der Darstellung auf dem Monitor bzw. dem Drucker, wie sie in der Fußnote auf S. 29 erläutert wurden. Der Nachteil dieses Verfahrens liegt in der Tatsache, daß die in den Text geschriebenen Steuersequenzen zwar nicht ausgedruckt werden, bei der Formatierung des Textes auf dem Bildschirm aber mitzählen, weshalb - vor allem beim Blocksatz und bei der weichen Trennung am Zeilenende - Probleme auftreten können. Deshalb empfiehlt es sich, diese Steuersequenzen in je einer Leerzeile - vor und nach dem Text - unterzubringen, der mit einem anderen Zeichensatz, bzw. in einer anderen Schrift ausgedruckt werden soll.

Hinweise: -   Jedes (Graphik-)Zeichen, wie das „←"-Zeichen läßt sich erzeugen, indem man die <Alt>-Taste gedrückt hält, und auf der **numerischen** Tastatur den ASCII-Wert des jeweiligen Zeichens, hier „27", eingibt.

-    Wenn ein Zeichen auf dem Monitor dargestellt werden kann, muß es nicht zwangsläufig vom verwendeten Drucker dargestellt werden können, da der Bildschirmzeichensatz und der Druckerzeichensatz voneinander unabhängig sind (s. o.).

-    Wenn man öfters mit immer gleichen Steuersequenzen arbeitet, bietet es sich an, die Steuersequenzen auf ein Makro zu legen. Davon mehr im nächsten Unterkapitel.

1.6   Diverses

1.6.1   Abkürzungen und Makros

Den unterschiedlichen Aufgabenstellungen entsprechend, benutzen wir alle immer wiederkehrende Formulierungen. Im einfachsten Fall ist es die floskelhafte Verwendung der Anredeformel *„Sehr geehrte Damen und Herren"* bzw. der Grußformel oder -floskel *„Mit freundlichen Grüßen gez. Franz Schmid"*. Wieviel einfacher wäre es, beispielsweise die Grußformel auf eine einzelne Taste zu legen und ähnlich der Kurzwahlnummer beim Telefon, auf „Knopfdruck" den ausführlichen Text zur Verfügung zu haben. FRAMEWORK III stellt uns einen Abkürzungsgenerator zur Verfügung, der dies ermöglicht. Seine Funktion soll am Beispiel der genannten Grußformel erläutert werden:

1)   Mit <Strg-N>F einen neuen (Text-)Frame generieren und mit <F12> hineingehen. Dem Frame muß kein Name gegeben werden, da er nur vorübergehend benötigt wird.

2)   Mit <Strg-N>M wird der Abkürzungsgenerator aufgerufen.

3)   Als nächstes muß die Floskeltaste benannt werden. Das kann eine beliebige Taste oder Tastenkombination des alphanumerischen Tastaturfeldes (der Schreibmaschinentastatur) sein. Aus „gedächtnisstützenden" mnemotechnischen Gründen bietet es sich dabei an, sogenannte „sprechende" Tasten oder Tastenkombinationen zu wählen. Bei der Grußformel bietet sich Tastenfolge „mfg" geradezu an. Die Benennung der Floskeltaste(n) wird mit <Return> abgeschlossen, wobei bei einer bereits bestehenden gleichlautenden Taste(nkombination) gefragt wird, ob die bestehende überschrieben werden soll. Im Fall von „mfg" wird dies der Fall sein, da FRAMEWORK III von Haus aus mit einer entsprechenden Abkürzung bereits versehen worden ist, die Sie jetzt aber durch Ihre eigene ersetzen werden.

4)   Nun werden Sie aufgefordert, den Abkürzungstext einzugeben. Der Vorgabe entsprechend geben Sie ein: *„Mit freundlichen Grüßen* <Return> <Return> <Return> *gez. Franz Schmid"*. Sie beenden die Eingabe mit der Tastenkombination <Strg-Pause>.

5)   Ihre Abkürzung ist nun generiert. Wenn Sie diese in Zukunft aktivieren wollen, geben sie „mfg" gefolgt von <Alt-Rücklöschtaste> ein und aus „mfg" wird im Text die definierte Abkürzung werden.

6)   Sie können nun mit <F11> aus dem vorübergehenden Frame wieder herausgehen und ihn von der Arbeitsfläche mit <Entf> löschen.

7)   Wo aber ist die Abkürzung „geblieben"? Wenn wir mit dem Cursor die „Bibliothek" ansteuern (ggfs. zuvor die <Rollen>-Taste betätigen) und mit <F9> zoomen, sehen Sie, daß dort ein Frame unter dem Namen der Floskeltaste(n) generiert worden ist. Wenn Sie diesen Frame ansteuern und mit <F9> aufziehen, sehen Sie Bekanntes, wie Abbildung 1.8 zeigt. Verlassen Sie nun wieder die Bibliothek durch zweimaliges Betätigen der <F11>-Taste.

Abb. 1.8:   Darstellung von Abkürzungen in der Bibliothek von Framework III

8)   Die Tatsache, daß die Abkürzungen in der Bibliothek abgelegt werden, hat mehrere Auswirkungen:

-     Die Bibliothek stellt sich erstmals als eine Art „Werkzeugkasten" vor - zur benutzerspezifischen Aufnahme diverser noch weitaus wirkungsvollerer Hilfsmittel, als die Abkürzungen sie darstellen.

-     Der Struktur nach besteht die Bibliothek aus einer Summe von Einzelframes, die im Arbeitsspeicher für den Benutzer bereitliegen. Sie muß daher mit <Strg-Return> abgespeichert werden, soll eine Änderung auch nach dem nächsten Aufruf von FRAMEWORK III wirksam sein.

-       Die Tatsache, daß die Bibliothek die genannte Summe von Einzel-
        frames im Arbeitsspeicher darstellt, bedingt, daß der von der Biblio-
        thek beanspruchte Arbeitsspeicher für andere Aufgaben nicht nutzbar
        ist. Je umfangreicher demzufolge die Bibliothek ist, desto weniger Ar-
        beitsspeicher steht für andere Aufgaben zur Verfügung. Man wird
        problemlos zehn oder zwanzig Abkürzungen in seiner Bibliothek un-
        terbringen können, dazu ist sie ja auch gedacht. Wer aber daran
        denkt, beispielsweise eine ganze Textbausteinverwaltung über Abkür-
        zungen zu organisieren, sei besser an Kapitel drei verwiesen, wo eine
        entsprechende Anwendung vorgestellt wird.

9)   Im „Setup" von FRAMEWORK III gibt es eine Voreinstellung, die es er-
        möglicht, daß Abkürzungen automatisch ausgeschrieben werden, und der
        Aufruf mit < Alt-Rücklöschtaste > entfällt. Dieses Verfahren beschleunigt
        das Schreiben wesentlich, bedarf aber folgender Übereinkünfte:

-       Abkürzungen dürfen nicht auf Floskeltaste(n) gelegt werden, die im
        Sprachgebrauch als eigenständige Wörter vorkommen. Wenn eine Ab-
        kürzung beispielsweise „Name" heißen und den Vor- und Nachnamen
        unseres „Franz Schmid" beinhalten würde, würde **immer** das Wort
        „Name" durch „Franz Schmid" ersetzt werden, auch wenn „Name"
        in einem ganz anderen Sinnzusammenhang stünde.

-       Ferner dürfen in den Bezeichnungen von Abkürzungen keine Leer-
        oder Satzzeichen vorhanden sein, da der Name der Abkürzung dann
        nicht als zusammenhängende Sinneinheit verstanden werden würde.

Dazuhin kann man über den Wechselschalter < Strg-T > OA „Abkürzungen
ausschreiben" für die jeweilige Sitzung ein- oder ausschalten.

Neben „Abkürzungen" bietet uns FRAMEWORK III auch „Makros" an. Worin
besteht der Unterschied, welches sind die spezifischen Möglichkeiten dieser Pro-
grammfunktion? Abkürzungen protokollieren eine Reihe von Tastenanschlägen
und legen dieses Protokoll auf eine zu definierende Taste, um es durch den entsprechenden Tastenanschlag zum Ablauf zu bringen. Diese Definition beinhaltet,
daß neben der Anrede- bzw. Grußformel eines Briefes auch sämtliche Menüfunk-
tionen in Abkürzungen einbezogen werden können, da auch sie über die Tastatur
eines Computers aufgerufen werden. Insofern besteht ein Überschneidungsbereich

zu Makros, da auch Makros diese Protokollfunktion nachbilden können, wenn auch mit einer anderen Syntax (s. u.). Im Kern sind Makros aber weniger Protokolle, sondern vielmehr Programme, die mit dem FRamework EDitor (FRED) geschrieben werden bzw. wurden. Dies bedeutet aber, daß neben der genannten Protokollfunktion auch die in einer jeden Programmiersprache beinhalteten Kontroll- (z. B. Wenn ▸ Dann ▸ Sonst) und Wiederholstrukturen (z. B. Solange Zustand x ▸ tue y) Verwendung finden können. Nach außen zeigt sich dieser Unterschied beider FRAMEWORK-Funktionen in ihrem jeweiligen Aufruf. Während Abkürzungen mit „Floskeltaste(n) < Strg-Rücklöschtaste >" aufgerufen werden, erfolgt dies bei Makros mit „< Alt-x >", wobei x für eine beliebige Taste des nichtnumerischen Tastaturfeldes steht. Abbildung 1.9 zeigt die Makro-Möglichkeiten im Textverarbeitungsmodul von FRAMEWORK exemplarisch auf.

```
[Textmakros]
  - {ALT-N}    ;Normalschrift
  - {ALT-F}    ;Fettdruck
  - {ALT-U}    ;Unterstreichen
  - {ALT-S}    ;Schrägschrift
  - {ALT-T}    ;Trennzeichen einfügen
  - {ALT-X}    ;Linker Rand=x, Einzug Absatz=-x
  - {ALT-Y}    ;Neue Seite und Seitenumbruch
  - {ALT-Z}    ;Zeige Seitenumbruch

[{ALT-Y}   ;Neue Seite und Seitenumbruch ]
@echo(#off),
@performkeys("{CTRL-E}N{CTRL-F}Z"),
@if(@not(@sense("{ctrl#FZ}")),
    @performkeys("{CTRL-F}Z")
),
@eraseprompt,@prompt("Neue Seite + Seitenumbruch"),
@echo(#on)
```

Abb. 1.9:   Makros in FRAMEWORK III

Die Makros < Alt-N >, < Alt-F >, < Alt-U > und < Alt-S > rufen die jeweils angesprochene und im Kommentar des Makronamens ausgewiesene Menüfunktion auf. So kann man mit < Alt-F > Fettdruck einschalten, damit das nachfolgend Geschriebene fett gedruckt wird. Mit < Alt-N > werden alle Schriftattribute wieder zurückgesetzt. Warum legt man diese Option(en) auf ein Makro? Der Grund liegt in der größeren Bedienungsfreundlichkeit. Mit < Strg-T >F müssen Sie drei Tasten betätigen, um den Fettdruck einzuschalten, mit < Alt-F > sind es nur zwei. Natürlich könnte dies auch durch eine Abkürzung erreicht werden, sie bräuchten aber mindestens drei Tastaturanschläge (Floskeltaste und < Strg-Rücklöschtaste >), wodurch sich der „Einspareffekt" gegenüber dem direkten Menüaufruf aufhebt. Diese vier Makros sind gleichzeitig auch Beispiele für den genannten Überschneidungsbereich zwischen Abkürzungen und Makros. < Alt-X >, < Alt-Y > und < Alt-Z > sind dagegen Makros, die über die Ausführung einer Menüoption hinausgehen.

-    Mit < Alt-X > haben Sie eine elegante programmgesteuerte Möglichkeit, einen negativen Absatzeinzug des aktuellen Absatzes zu definieren. Nach dem Aufruf mit < Alt-X > wird der Benutzer gefragt, wie groß sein Einzug sein soll, alles andere geschieht automatisch.

-   Am Beispiel von < Alt-Y > sollen die genannten Kontrollstrukturen exemplarisch verdeutlicht werden. In den Ausführungen über den Seitenumbruch wurde darauf verwiesen, daß nach einer mit < Strg-E > N erzwungenen neuen Seite (= harter Seitenumbruch) die Framework-Option „Zeige Seitenumbruch" (= < Strg-F > Z) erneut aufgerufen werden muß, um die Seitenumbrüche zu aktualisieren. Da die Option < Strg-F > Z aber nach dem Prinzip eines Wechselschaltes aufgebaut ist, kann es notwendig sein, sie zweimal aufzurufen, falls sie vor dem erstmaligen Aufruf auf „Ja" stand.

Dies alles wird durch das Makro < Alt-Y > automatisiert, dessen Listing Sie ebenfalls in Abbildung 1.9 sehen. Während in der ersten Zeile die Bildschirmführung ausgeschaltet wird, wird in der zweiten Zeile - wie bekannt - mit < Strg-E > N eine neue Seite erzwungen und die Framework Option „Zeige Seitenumbruch" mit < Strg-F > Z aufgerufen*.

In der dritten Zeile wird gefragt, ob nach diesem ersten Aufruf die Funktion „Zeige Seitenumbruch" *nicht* auf „Ja" steht. Ist dies der Fall, ist sie also deaktiviert, stand sie *vor* dem Erstaufruf auf „Ja" (Prinzip Wechselschalter!) und muß dann - aber nur dann - erneut aufgerufen werden. Dies erfolgt in Zeile drei. In den Zeilen vier und fünf wird die vom System ausgegebene Bildschirmmeldung gelöscht und durch die im @prompt()-Befehl ausgewiesene ersetzt. Zum Schluß wird in Zeile sechs die Bildschirmführung wieder eingeschaltet. Interessant ist die „Wenn-Dann-Abfrage" und die Ausweisung einer eigenen Vollzugsmeldung. Beide Elemente gehen über die Möglichkeiten des Abkürzungsgenerators hinaus und sind typische Problemstellungen für ein Makro.

-   < Alt-Z > entspricht schließlich < Alt-Y > in vermindertem Leistungsumfang, indem die Funktion „Zeige Seitenumbruch" in Abhängigkeit vom momentanen Schaltzustand ein- oder zweimal aufgerufen wird, ein erzwungener „harter" Seitenumbruch aber unterbleibt.

Alle Makros sind in einem Frame „TEXTMAKR.FW3" zusammengefaßt und mit Installationshinweisen (= HINWEISE.FW3) auf der zum Buch gehörenden Disket-

---

*   Daß statt „Strg" „CTRL" steht, soll Sie nicht stören. Zum einen akzeptiert Framework gleichermaßen Groß- wie Kleinbuchstaben, zum anderen entspricht das deutsche „Strg" dem englischen und international gebräuchlichen „Ctrl". Die (internationale) Syntax des FRamework EDitors akzeptiert das „Strg" nicht.

te im Unterverzeichnis „\MAKROS" enthalten. Im übrigen wird auf Kapitel 1.6.3 verwiesen, in welchem die Programmierung eines kleinen Makros exemplarisch thematisiert wird.

1.6.2   Feste Leerschritte

Manche Wörter und Begriffe sollen von FRAMEWORK III als **Sinneinheit** verstanden werden, auch wenn sie Leerzeichen beinhalten, die ansonsten üblicherweise Wortzwischenräume kennzeichnen. So ist es unschön, wenn „100 DM" oder „9. Mai 1990" (s. nebenstehendes Beispiel) auseinandergerissen werden, weil innerhalb des Begriffs ein Zeilenumbruch vorgenommen wurde. Um dies zu verhindern, wird der Zwischenraum zwischen den einzelnen Wort- oder Begriffsteilen nicht mit der Leertaste, sondern mit der Tastenkombination < Strg-Leertaste > erzeugt. Hat man „Unsichtbare Zeichen" eingeschaltet, werden diese festen Leerschritte durch das Zeichen „■" symbolisiert, welches wiederum wie alle alle anderen Zeichen mit < Entf > gelöscht werden kann, sollte dies notwendig werden.

1.6.3   Fußnoten

Vor allem wissenschaftliche Texte arbeiten mit Fuß- bzw. Endnoten. Hier kann eine vom Textverarbeitungssystem verwaltete dynamische Fußnotenverwaltung dem Autor viel Arbeit abnehmen. Das Auszählen von Zeilen bzw. das u. U. notwendige mehrfache Schreiben einzelner Seiten gehört der Vergangenheit an, da die für die Fußnote(n) notwendige Anzahl von Zeilen beim Seitenumbruch automatisch berücksichtigt und eingerechnet wird. In FRAMEWORK III ist im Menü „Editieren" ein Untermenü „Optionen für Fußnotenverwaltung" ausgewiesen, wie umseitige Abbildung 1.10 zeigt. Mit seiner Hilfe lassen sich Fußnoten

- anlegen   -   editieren   -   durchnumerieren.

Außerdem kann man zwischen numerischen[1] und symbolischen[**] Zeichen für die Fußnote auswählen. Man hat weiter die Möglichkeit, Fußnoten am Ende einer

---

[1] Beispiel einer numerischen Fußnote

[**] Beispiel einer symbolischen Fußnote

jeden Seite, am Schluß eines Frames oder im Anschluß an den aktuellen Frame
ausdrucken zu lassen. Durch eine entsprechende Auswahl der Optionen lassen sich
auch bei größeren Projekten, die in Form eines Konzeptes erstellt werden, individuelle Lösungen erzielen, indem beispielsweise die Fußnoten seitenweise, kapitel-
weise oder auf ein ganzes Buch bezogen durchnumeriert und entsprechend ausgewiesen werden. Fußnoten lassen sich wie gewöhnliche Zeichen kopieren, verlagern
oder auch löschen. Die dabei gegebenenfalls mehrfach notwendige Aktualisierung
der Durchnumerierung erreicht man mit < Strg-E > OD.

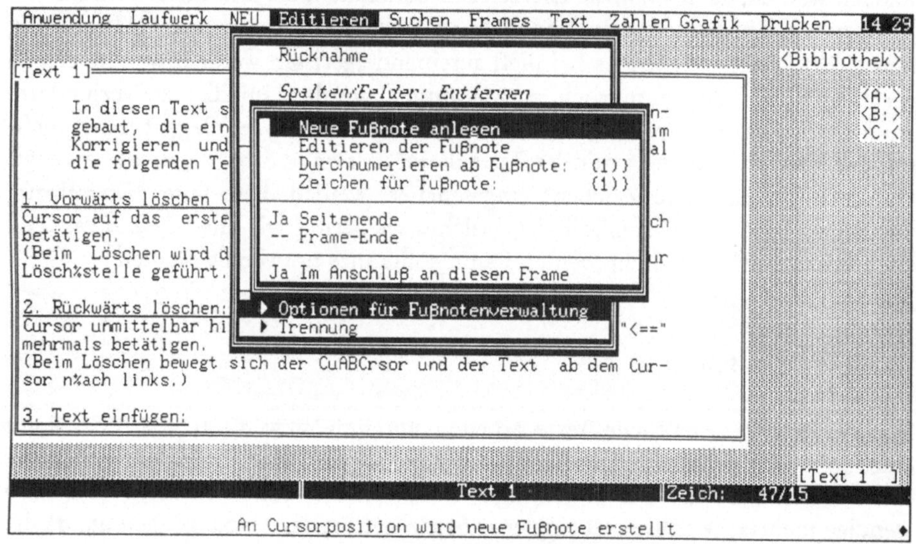

Abb. 1.10:   Fußnotenverwaltung in FRAMEWORK III

Um eine neue Fußnote zu generieren, ist zuerst mit

1. <Strg-E>ON eine neue Fußnote anzulegen.
2. Um sie zu editieren, ist es empfehlenswert, mit <F9> die Fußnote auf Seitengröße aufzuziehen.
3. Schließlich empfiehlt es sich, die Fußnote mit einem negativen Absatzeinzug von -5 zu formatieren und zwischen dem Fußnotenzeichen und dem eigentlichen Fußnotentext ein Tabulatorzeichen einzufügen, um mehrere Fußnoten linksbündig untereinander anordnen zu können.

Diese bei jeder Fußnote manuell durchzuführenden Operationen bieten sich geradezu für ein Makro an. Es kann {Alt-Q} heißen und wird sinnvollerweise als permanent zur Verfügung stehendes Makro in der Bibliothek abgelegt:

```
; Makro zum Anlegen und Formatieren von Fußnoten
    @echo (#OFF),
    @pk ( "{Ctrl-E}ON{F9}{Ctrl-T}L5{Return}" &
        "{Ctrl-T}E-5{Return}{Tab}" ),
    @echo (#ON)
```

Will man eine Fußnote nachträglich editieren, setzt man den Cursor auf das Fußnotenzeichen im Text. Etwas umständlich kann man nun mit <Strg-E>OE die Fußnote in die Editierzeile holen. Einfacher geht es, wenn man - wie in einen Frame - mit <F12> in die Fußnote „hineingeht". In beiden Fällen kann die Fußnote mit <F9> auf Bildschirmgröße aufgezogen werden, um auch umfangreichere Fußnoten bearbeiten zu können.

1.6.4   Indizieren und Potenzieren

Fußnotenzeichen werden immer hochgestellt ausgedruckt. FRAMEWORK III besitzt demzufolge die Option, Exponenten am Bildschirm anzuzeigen und auch ausdrucken zu können. In den „Optionen für Textverarbeitung" im Menü „Text" (s. Abb. 1.3) gibt es die Möglichkeiten:

-    Hochstellen   <Strg-T>OH
-    Tiefstellen   <Strg-T>OT

Das heißt, der vom Cursor hinterlegte Text wird auf dem Bildschirm und dem Drucker als Exponent oder Index ausgegeben. Dies kann auch zur typographischen Gestaltung eines Textes verwendet werden, wie der tiefgestellte Autorennachweis in Abbildung 1.1 zeigt.

1.6.5   Konvertieren von Buchstaben

Im Menü „Optionen für Textverarbeitung" werden die Optionen

-     Großbuchstaben   <Strg-T>OG
-     Kleinbuchtsben   <Strg-T>OK
-     Erster Buchstaben groß   <Strg-T>OE

zur Verfügung gestellt. Sie werden mit den entsprechenden Tastenkombinationen aufgerufen und wandeln den vom Cursor hinterlegten Text in entsprechende Buchstaben um. Bei der Umwandlung in Großbuchstaben ist allerdings zu berücksichtigen, daß das „ß" nicht in „SS" umgewandelt wird, sondern „ß" bleibt. Hier ist die landesspezifische Adaption von FRAMEWORK III unvollständig.

1.6.6   Kopieren und Verlagern

Kopieren und Verlagern ist strukturell und vom Ablauf her identisch. Ausgangspunkt ist wie immer ein vom Cursor markierter Bereich. Dies kann ein einzelner Buchstabe sein. Es kann aber auch sein, daß zuvor mit <F6> „Auswahl" ein bestimmter Bereich eines Textes zum Kopieren oder Verlagern markiert wird. Der Auswahlvorgang wird mit <Return> abgeschlossen und der gewählte Bereich, unsere „Quelle", ist nun hell hinterlegt. Wir leiten mit <F7> „Verlagern" oder <F8> „Kopieren" den jeweils gewünschten Vorgang ein und werden aufgefordert, unser Ziel zu markieren und mit <Return> zu bestätigen. Unser Ziel kann eine andere Position im aktuellen Frame oder eine beliebige Position in einem anderen (Text-)Frame sein, der dazu allerdings schon auf der Arbeitsfläche vorhanden sein muß. Ist unser Ziel im aktuellen Frame, werden wir es mit den Cursortasten ansteuern. Ist es in einem anderen Frame, werden wir den „Quellframe" zuerst mit <F11> verlassen, den „Zielframe" mit den Cursortasten ansteuern, mit <F12> in ihn „hineingehen" und auch dort mit den Cursortasten die konkrete Zielposition ansteuern. Mit der Betätigung der <Return>-Taste wird nun unser Quelltext am Ziel ausgewiesen. Eventuell bereits bestehender Text im Zielframe wird nach unten verschoben. Während aber beim „Kopieren" mit <F8> unser Text an Quelle **und** Ziel, also zweifach, vorhanden ist, steht er beim „**Verlagern**" mit <F7> nur noch an der Zielposition zur Verfügung; an der Quellposition ist er gelöscht worden.

Ein schönes, für die Arbeit mit einem integrierten System konstitutives Element ist die Tatsache, daß das Kopieren und Verlagern in der eben beschriebenen Art und Weise nicht nur zwischen Textframes möglich ist, sondern in der gleichen Weise auch Daten von Tabellen und Datenbanken in Textframes kopiert bzw. verlagert werden können, wobei dann naturgemäß die spezifischen Funktionen einer Tabelle oder Datenbank nicht mehr wirksam sein können. Man kann sich dadurch manche fehleranfällige Zweiterfassung von Daten sparen, von den genannten Fragen der Datenkompatibilität und Bedienungsoberfläche einmal ganz abgesehen.

FRAMEWORK III stellt uns noch eine weitere Möglichkeit zur Verfügung, Texte zu kopieren oder zu verlagern. Mit <Shift-F7> kann man einen beliebigen vom Cursor markierten Text in einen Zwischenspeicher übernehmen. Mit <Shift-F8> wird der zwischengespeicherte Text dann an der Zielposition abgelegt. Dieses Verfahren bietet mehrere Vorteile gegenüber der „klassischen" Vorgehensweise über die <F8>-Taste:

-   Soll ein Text mehrfach kopiert werden, mußte bislang jeder Kopiervorgang einzeln durch die <F8>-Taste eingeleitet werden. Dies entfällt, da der durch <Shift-F7> zwischengespeicherte Text unbeschränkt oft, auch in verschiedenen Frames, durch <Shift-F8> abgerufen werden kann.

-   Der „normale" Kopiervorgang mit <F8> ermöglicht es nicht, Formeln oder Programme aus der Formelebene eines Frames in die Textebene zu kopieren, beispielsweise zum Einbinden eines Programm-Listings in einen Text. Wenn das zu kopierende Listing mit <F6> (= Auswahl) markiert und mit <Shift-F7> in den Zwischenspeicher abgelegt wird, kann es im Textframe an der gewünschten Stelle mit <Shift-F8> abgerufen werden. Die gleiche Vorgehensweise ermöglicht es auch, im Menü „Drucken" den Inhalt einer Kopfzeile bei sich ändernden Gegebenheiten als Fußzeile auszuweisen. Dies ist mit <F7> (= Verlagern) nicht möglich. Wird der Quelltext nicht mehr benötigt, muß er beim Arbeiten über den Zwischenspeicher mit „ <Shift-F7> <Shift-F8>" separat gelöscht werden, da <Shift-F7> den Quelltext unverändert beläßt.

- Im Zwischenspeicher abgelegter Text kann auch editiert, d. h. verändert werden. Mit <Shift-F2> wird der Text in die Editierzeile gebracht, die mit <F9> auch auf Bildschirmgröße aufgezogen werden kann.

Allerdings ist bei der Arbeit über den Zwischenspeicher zu beachten, daß **jedes** Betätigen der <Shift-F7>-Taste den abgelegten Text unwiderruflich überschreibt. Er ist auch über die Rücknahme-Option im Menü „Editieren" nicht rückholbar, da diese beiden Optionen streng voneinander zu trennen sind. Sie haben nichts miteinander zu tun.

1.6.7   Suchen und Ersetzen

Wenn Sie beispielsweise Datum, Zeit, Schulklasse oder Raumnummer in einem vorhandenen (Text-)Frame durch aktuelle Werte ersetzen wollen, müssen Sie die betreffende(n) Stelle(n) nicht mühsam im Text suchen, sondern können das mit FRAMEWORK III automatisieren. Im Menü „Suchen" finden Sie den Untermenüpunkt „Suchen", der dies bewerkstelligt. Der Aufruf erfolgt wie immer über die Anfangsbuchstaben mit <Strg-S>S. Nach diesem Funktionsaufruf werden Sie aufgefordert, das zu suchende Wort einzugeben und die Eingabe mit <Return> zu bestätigen. Das System wird Sie an all die Stellen ihres Textframes hinführen, wo der zu suchende Begriff vorkommt, egal ob Sie am Anfang oder am Ende des Textes mit der Suche begonnen haben. Am Schluß zeigt uns FRAMEWORK III die Anzahl der gefundenen Einträge an, wehalb man über diese Funktion auch recht einfach die **Häufigkeit** bestimmter Texteinträge ermitteln kann.

FRAMEWORK III unterstützt die Verwendung von **Jokerzeichen**, um die Eingabe zu erleichtern. „?" steht dabei für ein **einzelnes Zeichen**, „*" für eine **beliebige Anzahl** von Zeichen. Ein konkretes Beispiel soll dies verdeutlichen: Wenn ich einen Herrn Mayer suche, aber nicht weiß, ob er sich „Mayer", „Maier", „Meyer" oder „Meier" schreibt, kann ich alle vier Varianten dieses Namens bei der Suche abdecken, wenn ich „M??er" suche. Suche ich dagegen „*Heidenheim*", kann u. U. schon die Eingabe von „*Hei*" genügen. Ich muß mir aber sicher sein, daß im Text nicht auch „*Heidelberg*" oder „*Heiningen*" vorkommen, da auch *Hei*delberg und *Hei*ningen unter das genannte Suchkriterium fallen.

Im Menü „Suchen" befinden sich weitere Optionen, die das Suchen und Ersetzen spezifizieren können. So kann man die Suche auf Fußnoten ausdehnen bzw. angeben, ob die Groß-/Kleinschreibung ignoriert werden soll. Dies ist immer dann sinnvoll, wenn Wörter auch in Wortverbindungen gesucht werden sollen.

Jedes **Ersetzen** enthält zuerst ein Suchen. Deshalb wird beim Aufruf von <Strg-S>E auch zuerst der bekannte Bildschirm der Suchen-Funktion angezeigt. Die Weiterführung besteht darin, daß jeder gesuchte und gefundene Begriff durch einen anderen zuvor definierten ersetzt wird. Dabei hat man die Auswahl, sich quasi durch den Text durchzublättern und jede Ersetzung mit <Return> zu bestätigen. Wenn man sich **ganz sicher** ist, daß **alle** gefundenen Begriffe zentral ersetzt werden sollen, können, nachdem FRAMEWORK III den ersten Begriff gefunden hat, alle Begriffe ohne weitere Einzelabfrage durch die Eingabe von <Ende> ersetzt werden. Diese Funktion ist allerdings mit Vorsicht anzuwenden. Wenn Sie zum Beispiel „Auto" durch „PKW" ersetzen wollen und die Groß-/Kleinschrift ignoriert wird, so wird aus dem Wort „automatisch" „PKWmatisch". Man kann dies verhindern, indem man nach den beiden Wörtern je ein Leerzeichen eingibt, also „Auto " und „PKW ". Dies kann aber zu neuen Problemen führen, wenn dem gesuchten Wort im Text ein beliebiges Satzzeichen folgt. Da FRAMEWORK III beim Suchen/Ersetzen auch „unsichtbare Zeichen" berücksichtigt, kann dies u. U. eine weitere Fehlerquelle darstellen.

Nur mittelbar zur Textverarbeitung gehören Jokerzeichen für den Menü-Punkt **Suchen**. Sie sind speziell für die Textverarbeitung von Interesse, da sie, wie nachfolgende Aufstellung zeigt, Optionen ermöglichen, die bisher nur mit großem Aufwand zu realisieren waren.

\	alle harten Seitenumbrüche	\%	alle Seitenumbrüche
\-	alle harten oder weichen Trennzeichen	\N	alle Zeilenvorschübe
\P	alle Absatzzeichen	\F	alle Fußzeilen
\.	alle einen Satz abschließenden Zeichen (.!?)	\;	alle Satzzeichen
		\1	alle Ziffern von 0-9
\A	alle alphabetischen Zeichen	\&	alle alphanumerischen Zeichen

Durch die Einbeziehung von < > für den Wortanfang bzw. das Wortende und die durch eckige Klammern [ ] eingeschlossene Suche nach spezifischen Zeichen eröffnen sich vor allem für den Bereich der Textanalyse interessante Perspektiven.

1.6.8   Wortprüfung und Synonymwörterbuch

FRAMEWORK III verfügt über eine Rechtschreibprüfung, die hervorragend geeignet ist, einen Text auf Rechtschreibfehler hin zu untersuchen. Dabei ist FRAME-WORK III wesentlich variabler einzusetzen, als es vergleichbare Textverarbeitungssysteme sind. Grundlage der Rechtschreibkontrolle ist ein Standardwörterbuch, welches im Hintergrund präsent ist. Dieses Standardwörterbuch kann den unterschiedlichen beruflichen bzw. persönlichen Bedürfnissen aller Benutzer nicht gerecht werden, von Fragen der jeweiligen Diktion einmal ganz abgesehen. In der Konsequenz dieses Ansatzes kann ein Wort, welches das Standardwörterbuch nicht kennt, entweder falsch oder unbekannt sein. Ist es unbekannt, hat der Benutzer die Möglichkeit, das Wort „lernen" zu lassen, um es bei weiteren Wortprüfungen zur Verfügung zu haben. Dabei ist allerdings zu berücksichtigen, daß das Wörterbuch immer von der **konkreten** Wortform ausgeht, nicht von der jeweiligen Grundform eines Wortes (z. B. **lernt** ▸ (nicht) lernen). Ohne weiteres Dazutun legt das System selbständig ein „eigenes Wörterbuch" mit der Bezeichnung „EIGENES.DCT" an, in welchem alle, dem System nicht bekannten, aber vom Benutzer für speichernswert erachteten Wörter, abgelegt werden. Dadurch baut der Benutzer nach und nach ein Gesamtwörterbuch auf, welches auf seine konkreten persönlichen Bedürfnisse hin zugeschnitten ist; er hat aber auch die Möglichkeit, verschiedene eigene Wörterbücher aufzubauen, um so mit einem Grundwortschatz und verschiedenen beispielsweise themenspezifisch strukturierten Spezialwörterbüchern arbeiten zu können.

Arbeitet jemand auch mit fremdsprachlichen Texten, kann er zusätzlich Standardwörterbücher in anderen Sprachen erwerben und im Setup von FRAME-WORK III installieren. Er hat dann die Möglichkeit, im Untermenü „Grundeinstellungen" des Menüs „Anwendung" vor der Wortprüfung die Sprache seiner Wahl zu bestimmen. Für den Englischunterricht können sich dadurch ganz interessante didaktische Aspekte ergeben.

Will man die Wortprüfung benutzen, ruft man sie mit < Strg-A > W auf. Das entsprechende Untermenü (s. Abb. 1.11) bietet dann neben der möglichen Auswahl

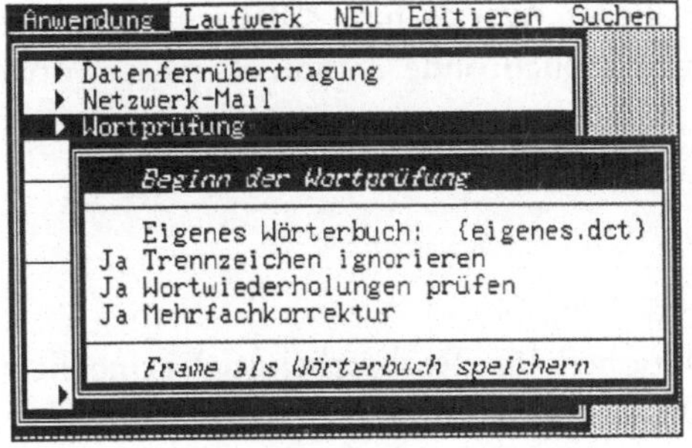

Abb. 1.11:   Wortprüfung in FRAME-
              WORK III

eines „Eigenen Wörterbuchs" verschiedene Optionen an. So können z. B. Trennzeichen bewußt ignoriert werden, um Wörter wie „Rhein-Main-Donau-Kanal" als Sinneinheit zu behandeln. Außerdem ist es möglich, die unmittelbare Wiederholung eines Wortes als Fehler zu markieren, bzw. ein einmal korrigiertes Wort, welches mehrfach in der gleichen Weise falsch geschrieben wurde, automatisch korrigieren zu lassen. Wenn man die Wortprüfung mit „B" gestartet hat, geht das System den ganzen Text durch und bietet dem Benutzer bei jedem nicht bekannten Wort drei Möglichkeiten an:

-   Es - weil es effektiv falsch ist - zu ändern. Dabei kann sich der Benutzer von FRAMEWORK III einen Änderungsvorschlag unterbreiten lassen.

-   Das Wort zu übergehen, weil es zwar richtig geschrieben ist, es sich aber nicht lohnt das Wort abzuspeichern.

-   Das Wort als neues Wort in die Datenbasis mitaufzunehmen, damit es in Zukunft auch bei der Wortprüfung zur Verfügung steht.

Mit <ESC> können Sie die Wortprüfung jederzeit unterbrechen. Nach unserer Erfahrung ist die Wortprüfung hervorragend geeignet, einen Text auf Schreib- und Flüchtigkeitsfehler hin durchzusehen. Man darf sich aber nicht der Illusion hingeben, einen Text nicht mehr exakt Korrekturlesen zu müssen, da inhaltliche Fehler bzw. falsche Wörter nicht erkannt werden können. So kann FRAMEWORK III natürlich nicht erkennen, ob im konkreten Fall „das" mit „s" oder „ß" geschrieben werden muß.

Daß FRAMEWORK III in der neuesten Version (1.1B) auch über die Funktion eines **Synonymwörterbuchs** verfügt, sei hier nur am Rande vermerkt. Wenn man sich mit dem Cursor innerhalb des Wortes befindet, für dessen Synonyme man sich interessiert, ruft man mit <Shift-F6> die entsprechende Funktion auf. Mit Hilfe der Cursortasten kann man sich durch das eingeblendete Menü bewegen und

einen eventuellen Austausch des geschriebenen Wortes mit <Return> vorneh-
men. Mit <ESC> wird das Synonymwörterbuch ohne Austausch eines Wortes
verlassen.

1.6.9   Zeilenabstand

Die Option „Zeilenabstand" in den „Optionen für Textbearbeitung" ermöglicht
die ein-, zwei- oder dreizeilige Darstellung eines Textes auf dem Monitor. Aber,
Achtung, der hier gewählte Wert wird beim Ausdruck mit demjenigen Wert mul-
tipliziert, der in der Option **Zeilenabstand** im Menü „Drucken" bei „**Formateinstellungen**" gewählt wurde. Die Standardeinstellung ist jeweils 1. Wird der
Text aber beispielsweise auf dem Monitor zweizeilig ausgewiesen und ist im
Druckmenü ebenfalls ein zweizeiliger Ausdruck gewählt, wird der Text vierzeilig
ausgedruckt!

Den Zeilenabstand eines Textes auf dem Monitor vom Zeilenabstand im Ausdruck
zu entkoppeln, konterkariert unseres Erachtens das sichtbare Bestreben Ashton-
Tates, die Bedienerführung von FRAMEWORK III nach dem Prinzip „What You
See Is What You Get" zu gestalten. Es wird auch an keiner Stelle schlüssig,
warum so verfahren wurde, bzw. welche spezifischen Vorteile diese Entkopplung
mit sich bringt. Wichtiger wäre es gewesen, in die jeweiligen Druckertreiber
Steuersequenzen einzufügen, die - menügesteuert - ein eineinhalbzeiliges Ausdruk-
ken von Texten ermöglichen würden.

Um einen Text **eineinhalbzeilig** auszudrucken, bietet sich aber folgende Möglichkeit an. Wir beziehen uns wieder auf die Steuersequenzen des STAR LC-10.

-      Öffnen Sie mit <Strg-N>F einen neuen Frame und nennen ihn 1 1/2.

-      Gehen Sie mit <Strg-D>F in die „Formateinstellungen" des Druckmenüs
       und stellen im Untermenü „Druckbild" die „Anzahl der Zeilen/Seite" auf
       44 ein, da Ihnen ja bei eineinhalbzeiliger Schreibweise weniger Druckzeilen
       pro Seite zur Verfügung stehen. Dies gilt allerdings nur für DIN A4 Blätter.

-      Verlassen Sie die „Formateinstellungen" mit <ESC>, und wählen Sie das
       Untermenü „Druckersteuerung" - ebenfalls im Druckmenü - an. Wählen Sie
       als erstes die Option „Anfangen mit Steuerzeichen" und geben dann „⌐36"

(← = <Alt-27 (auf dem numerischem Eingabeblock)> ein. Bestätigen Sie die Eingabe mit <Return>, und wählen Sie nun das Untermenü „Beenden mit Steuerzeichen" an. Geben Sie hier in gleicher Weise „←2"ein. Diese Steuersequenzen müßten von allen Matrix-Druckern richtig interpretiert werden, die von IBM oder Epson sind oder einen IBM- oder Epson-Matrixdrucker emulieren. Sie bewirken, daß vor dem Ausdruck eines Frames der Zeilenvorschub auf *eineinhalbzeilig* erhöht und nach Beendigung des Ausdrucks dieser wieder auf *einzeilig* zurückgenommen wird.

- Drücken Sie zweimal <ESC>, das Druckmenü ist nun wieder geschlossen. Verlagern Sie mit <F7>, betätigen Sie <Rollen> und steuern Sie die Bibliothek mit den Cursortasten an. Drücken Sie <F12> und <Return>: der Frame „1 1/2" ist nun in der Bibliothek. Speichern Sie diese mit <Strg-Return> ab, und verlassen Sie die Bibliothek wieder mit <F11>.

- Wenn in Zukunft ein Frame eineinhalbzeilig geschrieben bzw. ausgedruckt werden soll, geben Sie im Menü „Druck" bei der Option „Muster für Format" „1 1/2" ein. Wir haben nämlich einen Druckformatframe generiert, der uns ab jetzt jederzeit zur Verfügung steht.

> Sag'an Freund, was ist Theorie?
> *Was klappen soll - und klappt doch nie.*
>
> Und was ist Praxis?
> *Frag'nicht dumm!*
> *Was klappt - und keiner weiß warum!*
>
> (Verfasser unbekannt)

---

* Die in diesem Buch abgebildeten „Lämpels" zeichnete freundlicherweise unser Kollege Otto Ulrich.

2 Tastaturschulung

Vorbemerkungen

Niemand wird bezweifeln, daß die neue Technologie „Computer" zwangsläufig zu einer Neuorientierung des Maschinenschreibunterrichts führen muß. Wir sind der festen Überzeugung, daß das sachgerechte Bedienen einer Computertastatur eine Grundvoraussetzung für aufbauende Arbeiten ist, das - losgelöst von jeglichem Enthusiasmus - als eine Kulturtechnik bezeichnet werden kann.

Wie oft lehrte uns allerdings die Praxis in jüngster Vergangenheit, daß gerade auf einer Computertastatur nicht „geschrieben" sondern lediglich „(rum)getippt" wird. Des öfteren wird die Ansicht vertreten, der Computer wäre eben gerade für den Personenkreis besonders prädestiniert, der niemals Tastschreiben gelernt hätte. Diese These erscheint uns ebenso unsinnig, als wolle jemand ernsthaft behaupten, das Auto sei ein Privileg gehbehinderter Mitbürger.

Was also, so fragen wir, nützt ein modernes und in der Anschaffung immer noch relativ teures Gerät, wenn es von seinen Bedienern nicht optimal genutzt werden kann? Trotz aller „Pfiffigkeiten" der Korrektur-, Einfüge- und Verlagerungsmöglichkeiten, die uns der Computer vor einem endgültigen Ausdruck des Geschriebenen bietet, ist nur der perfekte Tastschreiber in der Lage, ihn wirklich rationell zu nutzen.

Durch das letzte Jahrhundert hindurch änderten sich die Begriffe für professionelles Schreiben mehrfach. Der zunächst in den USA eingeführte Begriff der „all-fingers-method" wandelte sich bald in „touch-system". In Deutschland nannte man es „Zehn-Finger-Schreiben" und „Blindschreiben". In diesem Buch ist die Rede vom „Tastschreiben" und der dazu gehörigen „Tastaturschulung". Wir stimmen mit der Auffassung vieler Fachleute überein, daß diese Begriffe vom formalen Anspruch her den Kern der Sache am besten treffen.

In diesem Sinne versteht sich das Buch auch als ein Hilfsmittel zur Tastaturschulung. Die didaktisch-methodische Konzeption erhebt keinen Alleinvertretungsanspruch, sondern versteht sich vielmehr als *ein* methodischer Weg von vielen. Oberstes Prinzip bei der Entstehung dieses Buches war für uns, daß es zwar eine Hilfe für die Unterrichtsplanung sein soll, ihm aber keineswegs die Dominanz in der

Unterrichtsführung zukommt. Es will also verstanden sein als eine gediegene und verläßliche Planungshilfe, die eine Vielzahl an

- Griffübungen
- Griffolgen
- Silbengruppen
- Übungswörtern
- Sätzen und
- Fließtexten

anbietet, welche keineswegs unreflektiert der Reihe nach abzuarbeiten sind. Vielmehr trifft der Lehrende die Auswahl in seiner pädagogischen Verantwortung gegenüber seinen Schülern und deren Begabungs- und Leistungsniveau. Nicht statisch - und damit in der Rolle des Lehrenden zum bloßen „Knöpfchendrücker" degradiert - sondern dynamisch, d. h. flexibel in der Anpassung an andere methodische Wege außerhalb des von uns aufgezeigten Rahmens.

Mit dieser Konzeption hoffen wir, eine Lücke zu zahlreichen auf dem Markt befindlichen Programmen geschlossen zu haben.

Stoffaufbau

Für den methodisch-didaktischen Aufbau der einzelnen Unterrichtseinheiten wurde die *„gleichzeitig-korrespondierende Methode"* als anerkannter methodischer Weg gewählt. Gleichzeitig korrespondierende Methode bedeutet zunächst, die neu zu erlernenden Griffe in Griff-, Silben- und Wortübungen **zugleich** einzuführen, wobei - durchgängig für alle Unterrichtseinheiten - deduktiv vorgegangen wird.

Auf die Anwendung der *„asymmetrischen Methode"* - obwohl sie in manchen Bereichen eine größere Beispielfülle geboten hätte - wurde aus ergonomischen und lernpsychologischen Erwägungen heraus verzichtet.

Wir sollten nicht vergessen, daß auch an einem Computer Tastaturschulung Arbeitsunterricht ist. Die Schüler dürfen hierbei weder psychisch noch physisch überfordert werden. Ununterbrochene Bildschirmarbeit fordert ein sehr hohes Maß an Konzentrationsfähigkeit, das besonders von jungen Schülern in diesem Umfang wohl kaum aufgebracht werden kann.

Darum sollten Fließtexte - auch kleinere - nicht auf den Bildschirm gebracht werden. Wenn ein solcher Fließtext zeilenweise abzuschreiben ist, nimmt man den Schülern die Möglichkeit, ihn zuvor ganzheitlich lesend erfassen zu können. Zweckmäßiger erscheint es uns, diese Fließtexte kopiert als Papiervorlage in die Hand der Schüler zu geben.

Fehlerverhütung und -vermeidung

Die Überschrift signalisiert bereits einen „Dauerbrenner" jeder Unterrichtsstunde. Dabei bitten wir zu bedenken, daß jede Art der Stoffverteilung Fehlerquellen in sich birgt, ungeachtet der gewählten Methode. Besonders Handwechselfehlern muß *systematisch* begegnet werden. Ein klassisches Beispiel hierfür ist die Verwechslung von „ie" und „ei". Um die Lernenden von Anfang an für dieses Phänomen des Tastschreibens zu sensibilisieren, wurde in die Unterrichtseinheiten ein spezielles Komparativtraining mit aufgenommen, welches sie ab der zweiten Unterrichtseinheit begleiten kann (s. Kap. 5 Datenbanken).

Einführung der Großschreibung

Noch vor wenigen Jahren war es Standard einer Vielzahl von Lehrbüchern, die Großschreibung erst nach Erarbeitung aller Buchstaben einzuführen. Eine nicht ganz unproblematische Vorgehensweise, wollte man nicht ständig gegen bestehende Rechtschreibregeln verstoßen. Einige Autoren versuchten dem zu entkommen, indem sie auf Sätze und Fließtexte völlig verzichteten und sich auf Einzelwörter beschränkten. Hierdurch entstand jedoch zwangsläufig eine gewisse Monotonie, die auf Dauer wenig zur Motivation der Schüler beizutragen vermochte.

Die manuellen Schwierigkeiten zur Bewältigung der Großschreibung erscheinen uns, bezogen auf die Computertastatur, nicht mehr relevant, war dies doch primär eine Frage des an mechanischen Schreibmaschinen zu leistenden Kraftaufwands. Daher haben wir die Großschreibung bereits in die dritte Unterrichtseinheit mitaufgenommen. Einschlägige Erfahrungen haben uns gelehrt, daß die frühe Einführung der Großschreibung auch einen nicht zu unterschätzenden psychologischen Effekt hat: Das Bewußtsein, wie ein Profi „richtig" schreiben zu können, verwischt den Eindruck aus den ersten beiden Unterrichtseinheiten, noch keine „vollwertige Arbeit" auf dem Tastenfeld leisten zu können.

Auf einen Nachteil müssen wir dennoch hinweisen: die fehlende Interpunktion! Sie folgt erst in den Unterrichtseinheiten 6 und 7. Selbstverständlich ist es jedem Kollegen unbenommen, die Interpunktion vorzuziehen. Wir haben um den Preis eines durchgängigen methodischen Prinzips bewußt auf sie verzichtet und vertreten die Auffassung, mit diesem „Mangel" durchaus arbeiten zu können. Nach unserer Erfahrung birgt der fehlende Punkt für die Schüler auch nicht jene Gefahr, die beispielsweise von Substantiven ausgeht, welche während der Tastaturschulung kleingeschrieben wurden. Auf Sätze, die ein Komma beinhalten müßten, wurde dagegen ausdrücklich verzichtet, da nicht davon ausgegangen werden kann, daß jeder Schüler Sicherheit mit der bewußten Setzung der Kommata hat.

Prinzip der Veranschaulichung

Jedes Lernen - das Kleinkind beweist es uns - beginnt damit, die Welt mit seinen eigenen Sinnen zu erfassen.

Daher ist das Prinzip der Anschauung für jeden Pädagogen ein unabdingbares didaktisches Instrument. Die Anschaung führt zunächst vom *Vergleich* über die *Analyse* zur klaren *Zuordnung*. Das beste Anschauungsmittel in unserem Fall stellt der Computer selbst mit seiner Tastatur dar. In ausgeschaltetem Zustand kann der Schüler diese Tastatur in des Wortes wahrstem Sinne *„begreifen"*. Darüberhinaus sieht er die Anordnung der Buchstaben und Zahlen und nimmt auch die Abtrennung der computerspezifischen Tastenblöcke gegenüber dem eigentlichen Tastenfeld wahr.

Während in den Fächern Mathematik bzw. Natur und Technik zwei Schüler an einem Computer toleriert werden können, muß es für das Maschinenschreiben mit dem Computer eine unabdingbare Voraussetzung sein, daß jeder Schüler im Unterricht ein eigenes Gerät zur Verfügung hat.

So bietet sich die erste Unterrichtsstunde dafür an, in *„Trockenübungen"* die Grundposition beider Hände einzunehmen und die betreffenden Buchstaben anschließend auch zu „ertasten". Auf diese Weise wird die Forderung des Blindschreibens keine sinnleere Ankündigung, sondern beweist sich durch die vollzogene Tat. Blickkontakte zum Tastenfeld - immer unter der Voraussetzung, daß im gleichen Moment nicht geschrieben wird - sollten den Schülern zwischendurch erlaubt sein, da sie helfen können, allzu große innere Anspannungen, bis hin zur

Verkrampfung, zu lösen. Auf die Abbildung des Tastenfeldes auf dem Bildschirm haben wir daher verzichtet. Das Risiko, daß die Augen der Schüler pausenlos zwischen dem dargestellten Tastaturfeld und den darunter befindlichen Übungen hin und her wechseln müssen, birgt in sich eine weitere, durchaus vermeidbare Fehlerquelle.

Außerdem dürfte sich in jedem Computerraum eine Wandtafel befinden. Es bereitet wenig Mühe, mit ein paar Kreidestrichen den neu zu erarbeitenden Griffweg als zusätzliche Orientierungshilfe für den allzu stark Verunsicherten oder den rein visuell orientierten Schülertyp darzustellen. Ein unter Umständen ebenfalls vorhandener Tageslichtprojektor, versehen mit einer vorbereiteten Tastaturfolie, erfüllt den gleichen Zweck. Er ist zudem auf Dauer unentbehrlich, wenn es darum geht, computerkundliche Elemente in die Unterrichtsstunden einfließen zu lassen.

Der methodische Ansatz unseres Buches bedarf (s. Einleitung) keines speziellen Textverarbeitungs- bzw. Datenbankprogramms. Die im Kapitel 2 ausgewiesenen Beispiele stellen einen repräsentativen Ausschnitt dessen dar, was in den zu jeder Lektion gehörenden (Text-)Dateien enthalten ist.

Um aber die spezifischen Vorteile eines integrierten Systems wie FRAMEWORK exemplarisch aufzeigen zu können, haben wir zwei Programme entwickelt, deren Zielsetzung wir in Kapitel 2.11 ausführen.

2.1   UE 1: Didaktische und methodische Überlegungen

Baustein: Tastaturschulung Lektion 1.1 und 1.2

Thema: Erarbeitung der Grundtastenreihe

Funktion: - Blockierung sämtlicher Funktionsta-
            sten
          - Programmaustieg für den Lehrenden:
            < Alt-F1 >
          - Abbrechen der Übung durch den
            Schüler: < Esc >

Diese Lektion stellt in macherlei Hinsicht eine Ausnahme zu den übrigen Lektionen des zweiten Kapitels dar, nicht zuletzt wegen der - bereits in der Einführung genannten - Rahmenbedingungen. Ausgehend von der Fachdidaktik des Maschinenschreibens haben wir, was allein die Tastmethode anbelangt, keine revolutionären Erkenntnisse hinzuzufügen. Lediglich das Werkzeug „Computer" ist für den Lehrenden und den Lernenden neu. Vielleicht bietet aber gerade die didaktische Reflexion über die Anwendung des Rechners der Fachdidaktik des Maschinenschreibens die Chance einer Renaissance. So kommt bereits bei der ersten Begegnung mit der Tastatur des Computers dem Fingersatz eine ganz entscheidende Rolle zu. Empfehlenswert sind hier sicher sogenannte *Trockenübungen*, die zunächst einmal bei ausgeschaltetem Gerät von den Schülern nachvollzogen werden. Denken Sie bitte daran, daß es von Anfang an gilt, einen *Automationsprozeß* in Gang zu setzen, der von Ihren Schülern mit völlig unterschiedlichen Resultaten bewältigt werden muß. Ein Leistungs- oder Zeitdruck sollte daher - zumindest für die ersten Stunden - vermieden werden. Der Aufbau der Lektion ist deduktiv angelegt: die Übungen gehen von den stärksten zu den schwächeren Fingern einer jeden Hand. Bei der Auswahl wurde auf die Parallelität der Griffe großen Wert gelegt, da diese nach unserer Erfahrung dazu prädestiniert sind, Automationsabläufe schneller in Gang zu setzen.

Es erscheint uns angeraten, die Schüler ausdrücklich auf die *Nichtbenutzung* der < Return >-Taste hinzuweisen, obwohl diese bei Benutzung der in Kapitel 2.11

vorgestellten FRAMEWORK-Programme gesperrt wurde. Tastaturschulung ist Texterfassung und damit auch selbstverständlich Textverarbeitung. Die Verwendung der <Return>-Taste - einmal bewegungsmotorisch gefestigt - ist zu einem späteren Zeitpunkt schwer zu vermeiden und würde damit zwangsläufig zu unnötigen Komplikationen in der weiteren Textbearbeitung führen*.

2.1.1   Erarbeitung der Grundtastenreihe

LEKTION 1.1   (= L1_1.TXT)

```
fjf jfj fjf jfj fjf jfj fjf jfj fjf jfj fjf jfj fjf jfj fjf

ffj jjf ffj jjf fjf jfj ffj jjf ffj jjf fjf jfj ffj jjf fjf

fjfjffjjfjf fjfjffjjfjf jfjfjjffjfj jfjfjjffjfj jfjffjjffjj

fdf jkj fdf jkj fdf jkj fdf jkj fdf jkj fdf jkj fdf jkj fdf

fdf jkj ffd jjk ffd jjk ddf kkj ddf kkj dfd kjk dfd kjk fdf

fdf jkj dfd kjk ddf kkj kdf dkj kdf dkj fkf jdj fkf jdj fdf

fds jkl fds jkl fds jkl fds jkl fds jkl fds jkl fds jkl fds

fds jkl ffs jjl ffs jjl ssf llj ssf llj sdf lkj sdf lkj fds

fds jkl sdf lkj sdf lkj dsf klj dsf klj sfd ljk sfd ljk fds

fdsa jklö fdsa jklö fdsa jklö fdsa jklö fdsa jklö fdsa jklö

fdsa jklö asdf ölkj asdf ölkj dsaf klöj dsaf klöj safd öljk

fjdkslaö fjdkslaö jfkdlsöa jfkdlsöa aösldkfj aösldkfj öalsk

ffdsa jjklö fddsa jkklö fdssa jkllö fdsaa jklöö fjdkslaöföa

aasdf öölkj assdf öllkj asddf ölkkj asdff ölkjj jfkdlsöajaö
```

---

* Lektion 2.2 scheint uns als exemplarisches Beispiel geeignet zu sein, dem Leser den von uns gewählten und durchgängig beibehaltenen didaktisch-methodischen Aufbau zu demonstrieren. Die Lektion 1 wird aus Platzgründen deshalb - wie alle anderen - lediglich in der verdichteten und zum Teil gekürzten Form dargestellt. Auf der Begleitdiskette sind die zu den jeweiligen Unterrichtseinheiten gehörenden Dateien in vollem Umfang abgelegt.

```
jklö klöj löjk öjkl ölkj lökj kölj jköl kölj ljkö öklj jklö

fdsa jklö safd löjk dsaf klöj asdf ölkj dasf kölj fdas jköl

ffööddllsskkaajj ffööddllsskkaajj jjaakksslldDÖÖff jjaakkss
```

Wortübungen mit Inversion

```
fad daf jök köj das sad köl lök sfa afs ljö öjl asf fas ölj

fass ssaf jöll llöj asad dasa ölök kölö afds sdfa öjkl lköj

fklö ölkf jdsa asdj fölk klöf jasd dsaj flkö öklf jsda adsj
```

2.1.2 Vertiefende Übungen zur Grundtastenreihe

LEKTION 1.2   (= L1_2.TXT)

```
ffdsa jjklö fddsa jkklö fdssa jkllö fdsaa jklöö fjdkslaöfja

ölölö asasa ölölö asasa lklkl sdsds lklkl sdsds dfdfd kjkjk

dfdfd kjkjk öjökö afada öjökö afada öjökö afada öjökö ajöfö

össöddöffö allakkajja össöddöffö allakkajja öösöödööf aalaa

fddfssfaaf jkkjlljööj fddfssfaaf jkkjlljööj fkkfllf jddjssj

affaffa öjjöjjö affaffa öjjöjjö dffdffd kjjkjjk dffkjjdffkj

asas ölöl adad ökök sdsd lklk sfsf ljlj afaf öjöj dsda klök

fdf fsf faf asa ada afa jkj jlj jöj ölö ökö öjö fda jkö dkj

jkj jlj jöj ölö ökö öjö fdf fsf faf asa ada afa öjk afd ökd
```

Wortübungen mit Inversion

```
fad daf fad daf kala alak kala alak saal laas saal laas alk

fala alaf fala alaf dala alad dala alad asad dasa asad dasa

jaffa affaj jasda adsaj dallas sallad lada adal kassa assak

föja jaöf sjlf fldj dösk kalf öfks jdlf lafö jald ksöf alfd
```

2.2   UE 2: Didaktische und methodische Überlegungen

> **Baustein:** Tastaturschulung Lektion 2.1 und 2.2
>
> **Thema:**   - Oberreihe **r** und **u** in Verbindung
>   mit den Ziffern **5** und **8**
>   - Oberreihe **e** und **i** in Verbindung
>   mit den Ziffern **4** und **9**
>
> **Funktion:** Sicheres Vorgreifen in die obere Buch-
>   stabenreihe und der darüberliegenden
>   Ziffern

Zu welchem Zeitpunkt Sie auch immer diese Lektion wählen - tun Sie es bitte erst dann, wenn Ihre Schüler in der *Grundtastenreihe* ohne Blickkontakt zum Tastenfeld wirklich sicher greifen können. Durch die gleichzeitige Erarbeitung der zugeordneten Ziffern ergibt sich für Ihre Schüler das Problem, nunmehr über drei Tastenreihen hinweg greifen zu müssen. Die ab dieser Lektion auftauchenden *Führungsgriffe* dienen dem Ziel, diese Probleme mit einem möglichst geringen Zeitaufwand zu meistern.

Nach einer von Ihnen ausgewählten Wiederholungsübung aus der vorangegangenen Lektion empfiehlt es sich, mit den neuen Führungsgriffen zu beginnen. Tastaturschulung - auch und gerade an einem Computer - ist Arbeitsunterricht in des Wortes wahrer Bedeutung, mit einem hohen Maß an Konzentrationsbereitschaft und -fähigkeit, die aufzubringen Ihre Schüler imstande sein müssen. Die Auswahl und Anordnung der einzelnen Übungssequenzen will weder bevormunden noch Schülerkreativität einengen. Die Reihenfolge und die zu treffende Auswahl muß jedoch methodisch-didaktisch ausgewogen sein. Sie trägt daher dem Umstand Rechnung, daß dem Lehrenden, der am Anfang des Unterrichts um ein dichtes Leistungsfeld bemüht sein wird, hier eine besondere didaktische und methodische Aufgabe zufällt.

Auf keinen Fall sollten Sie versäumen, das schnelle Vor- und Zurückgreifen der in der Oberreihe befindlichen Finger mit Ihren Schülern besonders zu üben. Keinesfalls dürfen sich die beiden Zeigefinger auf den neu hinzugekommenen Buchstaben oder Ziffern „ausruhen", in der irrigen Annahme, daß diese ja noch mehrmals dort gefordert werden. Dieses „Ausruhen" - einmal angewöhnt - birgt die große Gefahr eines sich immer stärker verzögernden Schreibprozesses in sich, den nachträglich abzustellen, immer ein mühevolles Unterfangen darstellten wird. Unser Vorschlag lautet daher, die Führungsgriffe - auch in der Erweiterung mit der Ziffernreihe - über eine Zeile hinweg im Takt mitzusprechen, um so eine höhere Effizienz des „Rhythmischen Schreibens" zu erzielen.

Das *Komparativtraining*, das in dieser Lektion zum ersten Mal erscheint, dient in erster Linie der Schreibsicherheit. Diese Zeilen sind von den Schülern immer nur einmal nachzuschreiben. Bei mehrzeiligem Schreiben besteht das Risiko, daß die Schüler aufgrund von Ermüdungserscheinungen einzelne Finger von den Tasten zu lösen beginnen. Eine Wiederholung der Zeilen zu einem anderen Zeitpunkt innerhalb des Stundenverlaufes steht Ihnen völlig frei. Die Zeilen teilen sich zunächst auf in die linke und in die rechte Hand, anschließend folgen weitere Differenzierungsübungen.

2.2.1   Einführung der Buchstaben r und u
in Verbindung mit den Ziffern 5 und 8

LEKTION 2.1   (= T2_1.TXT)

Wiederholung

```
ffdsa jjklö fddsa jkklö fdssa jkllö fdsaa jklöö fjdkslaöfja

jaffa affaj jasda adsaj dallas sallad lada adal kassa assak

föja jaöf sjlf fldj dösk kalf öfks jdlf lafö jald ksöf aöfd
```

Führungsgriffe*

```
fr5rf ju8uj fr5rf ju8uj fr5rf ju8uj fr5rf ju8uj fr55r5f ju8

frf f5f juj j8j fr f5 ju j8 rf 5f uj 8j f58j j85f f5r5rf j8
```

---

* Bitte überwachen Sie das exakte Vor- und Zurückgreifen beider Zeigefinger sowohl in der oberen Buchstabenreihe als auch in der Zahlenreihe.

Führungsgriffe in Verbindung mit der Grundtastenreihe

```
fr5rf fr5rd fr5rs fr5ra ar5f sr5f dr5f fr5f r5af r5sf r5d5f

ju8uj ju8uk ju8ul ju8uö öu8j lu8j ku8j ju8j u8öj u8lj u8k8j

fr5dsa ju8klö fr5sa ju8lö fr5a ju8ö fr5 ju8 a5rf ö8uj s5ru8

5arf 8öuj 5srf 8luj 5drf 8kuj 5frf 8juj 585rf 858uj f58j85f
```

Komparativtraining

```
fras fras darf darf rada rada afra afra asra asra raff raff

jukl jukl jull jull ulku ulku julu julu luku luku öjul öjul
```

Wortübungen

```
ralf ralf klar klar kral kral lara lara karl karl saar saar

ulla ulla aula aula juda juda saud saud akku akku dudu dudu

ralf ulla klar aula kral juda lara saud karl akku saar duld

raul kurs raus ural rauf surf drau frau raus karu jura aura
```

Satzübungen

```
8 aus saalau 5 aus fulda 85 aus usa 585 aus ukara 58 aus au

all das las karla lös das kajak lara aus alf all das aralöl
```

Fehlerfreies Minutenschreiben

```
frau klara krauss aus fulda las das urs darf ja auf das rad | 60
ursula lauru aus aar darf das alf kauf all das alaskaöl auf | 120
falls karl das las als frau karla aus fulda all das raus da | 180
```

Erweiterte Wortliste

```
aufruf auslauf darauf kaukasus kursaal lukas lukullus ulkus
```

2.2.2   **Einführung der Buchstaben e und i**
              in Verbindung mit den Ziffern 4 und 9

LEKTION 2.2   (= T2_2.TXT)

Einführung von e und i in Verbindung mit den Zahlen 4 und 9

Führungsgriffe

```
fde4edf jki9ikj fded4edf jkik9ikj fde4edf jki9ikj fde449949
...........................................................*
...........................................................
fdedsa fdedf jkiklö jk9kj ded d4d kik k9k de d4 ki k9 4d4k9
...........................................................
...........................................................
```

Komparativtraining

```
def ded des dea aef sef def fef d4f d4d d4s a4f s4f d4f f4f
...........................................................
kij kik kil kiö öij lij kij jij k9j k9k k9l ö9j l9j k9j j9j
...........................................................
def ded des dea aef sef def fef d4f d4d d4s a4f s4f d4f f4f
...........................................................
kij kik kil kiö öij lij kij jij k9j k9k k9l ö9j l9j k9j j9j
...........................................................
```

Wortübungen

```
es feld esel adel edel elle ekel fell deka safe seal sessel
...........................................................
...........................................................
aida isis lisa dill kids lila dias fifa kali aids kadi lira
...........................................................
```

---

* Die punktierten Zeilen sind als Arbeitszeilen für den Schüler gedacht.

ei eis seile feile leise kleie eifel eile seide keile seife
....
....

sie siel fies lied kiel liese die diese diele fiedel kiesel
....
....

er leere raser leder feder jeder seele kerker keller felder
....
....

dali juli iris julia luise kulis silur diffus filius sirius
....
....

reil reife eider feier keiler kreide leider kreisel eiferer
....
....

kris euklid kurier saurier israel kulisse fliese aussiedler
....
....

federkiel feuereifer reisauflauf afrikasafari kleiderkreide
....
....

Wir trainieren Zahlen

49aed 9öikk 4sed 91ik 4ded 9kik 4fed 9jik 494ed 949ik 494ed
....
....

49 sessel 94 lieder 494 seile 949 felle 449 diesel 94 rufer
....
....

de45rf ki98uj de45rf ki98uj fded4dsa jkik9klö fr54edf ju898
....
....

5 kulis 548 leser 4 klassiker 984 kleider 84 esel 95 areale
....
....

944 felder 49 kadis 4 lila kleider 844 edle felle 59 kiesel
....
....

Fehlerfreie Minutenübung

```
frau friderike seilers aus kiel las leise diese 4 klassiker  |  60
............................................................
48 aussiedler aus dajarra rikarda fiel auf diese sisalseile  | 120
............................................................
diese 58 esel jeder kaufe dieses eis ursula rief alle leser  | 180
............................................................
auf dauer frei 9 eis aus der eisdiele ladislaus der eiferer  | 240
............................................................
das lila kleid aus seide eduards karussell auf dieser feier  | 300
............................................................
das ufer der iller die reise der klarissa siller aus kassel  | 360
............................................................
```

Erweiterte Wortliste

```
alle alles delle duell eau ei eid elke euer eule fels fluid
freude friseur frisur ideal je jede jedes julius keule kies
lakai lief likör radius reue reuse ries rulle saale see sel
```

2.2.3   Komparativtraining* Nr. 1

LEKTION 2.3   (= T2_3.TXT)

(linke Hand)

```
aras arse dafe darf erde rade dara affe afra fred arad saar

safe fede fras sara fass ares fade ader aser rase raff dase

sare rede feed fese rese rafe asra seda raaf asad rafa sera
```

---

* Dieses Komparativtraining - ebenso wie alle folgenden - muß so verstanden werden, daß es ein Angebot darstellt, aus dem der Kollege seine gezielte didaktische
Auswahl treffen soll. Keinesfalls ist damit gemeint, *eine Hand über mehrere Zeilen
hinweg einseitig zu trainieren.*

(rechte Hand)

illi lili juli illi luki ulli ilku jiul jukl kuli ukul kulk
iluk juik kull lilu kiji kiju juki kliu kulu kluk ukuj liju
jull lulu klik iluj kuju julu ikju ljku luju ikul kluj jill

(linke Hand mit Zahlen)

af5r de4d s5rf a4ed 5raf 4eds d45f f54d d44e f55r 4daf f54d
45fa 54af 454a 545f 44sd 55af 45af 54da 454f 554f 455a 445s
f5r4 f54f f55f 5r5f 55r5 54r4 d4d5 d45d d44d 4e4e 44e4 45e4

(rechte Hand mit Zahlen)

öj8u ki9k 18uj ö9ik 8uöj 9ikl k98j j89k k99i j88u 9köj j89k
98jö 89öj 989ö 898j 991k 88öj 98öj 89kö 989j 889j 988ö 9981
j8u9 j89j j88j 8u8j 88u8 89u9 k9k8 k98k k99k 9i9i 99i9 98i9

(2 links - 2 rechts)

saul reli raul faul raki sakl adil erlö rall feil reuk seil
dali asul frul asil rail deik dril fril drul fall erki reik
erik dall faki drui fell salk raji seli raju deli eslu aeki
r4u8 d5k9 a5j8 4598 5498 a4ö9 s518 d4k9 f5j8 f4j9 d5k8 s419
a5ö8 5e8i 4r9u r5u8 e4i9 4r9u e5i8 a5ö8 s419 d5k8 f4j9 4598

(2 rechts - 2 links)

jude klar ilse lisa jura kief kies juda klas ulfa ular klef
klaf lire lure ikar kure lude lias löse ukas juse ikea jure
kiss kuss kurs kufe jufe lief lise klee lies ulfe lida iksa

```
u9r5  k8s4  ö8f5  9845  8954  ö9a4  18s5  k9d4  j8f5  j9f4  k8d5  19s4

ö8a5  8i5e  9u4r  u8r5  i9e4  9u4r  i8e5  ö8a5  19s4  k8d5  j9f4  9854
```

(Handwechsel nach jedem Anschlag)

```
eisl  siel  leis  diel  laus  dufl  keif  kauf  elsi  dual  usir  usur

rudi  furi  susi  lauf  leid  alfi  rial  kala  fiel  lake  risk  risi

keks  uris  fusl  kris  uria  risu  jake  suri  urid  elfi  laie  jeid

flak  kals  iris  alsu  firu  kalf  leje  usus  krus  euru  didu  lala
```

2.2.4   Zahlenblatt Nr. 1

LEKTION 2.4   (= T2_4.TXT)

```
fr5rf  ju8uj  fr5rf  ju8uj  fr5rf  ju8uj  fr5rf  ju8uj  fr55rf  ju88

frf  f5f  juj  j8j  fr  f5  ju  j8  rf  5f  8j  8j  f58j  j85f  f5r5f  j8u

fr5rf  fr5rd  fr5rs  fr5ra  ar5f  sr5f  dr5f  fr5f  r5af  r5sf  r5df5

ju8uj  ju8uk  ju8ul  ju8uö  öu8j  lu8j  ku8j  ju8j  u8öj  u8lj  u8kj8

fr5dsa  ju8klö  fr5sa  ju8lö  fr5a  ju8ö  fr5  ju8  a5rf  ö8uj  s5fl8

5arf  8öuj  5srf  8luj  5drf  8kuj  5frf  8juj  585rf  858uj  f58j85f

5858  aus  fulda  8585  aus  usa  588  aus  saalau  58588  aus  ukara8

fde4edf  jki9ikj  fded4edf  jki9ikj  fde4edf  jki9ikj  fde4499e9i

ed54fr  ik89ju  ed54fr  ik89ju  dfde4sde  kjki9lki  dfde4sde  kj98

fdedsa  fd4df  jkiklö  jk9kj  ded  d4d  kik  k9k  de  d4  ki  k9  4d4  9

d4f  k9j  ded  k9k  d4s  k9l  d4a  k9ö  4af  9öj  4sf  9lj  4df  9kj  d4k

49aed  9öik  4sed  9lik  4ded  9kik  4fed  9jik  494ed  949ik  494ed9

49  sessel  94  lieder  494  eier  949  seile  449  kiesel  944  eifer

59  kreisel  49  keller  954  eiferer  598  dias  54  felder  4  safes
```

2.3 UE 3: Didaktische und methodische Überlegungen

Baustein: Tastaturschulung Lektion 3.1 - 3.3

Thema: - Einführung beider Umschalttasten
zur Großschreibung
- Anwendung des Umschaltfeststellers

Funktion: Sichere Anwendung mit wechselnder,
gegengleich ausgeführter Handhabung

2.3.1 Einführung beider Umschalttasten in der Grundtastenreihe

Die Einführung der Großschreibung wurde bewußt zu einem so frühen Zeitpunkt gewählt. Erfahrungen über einen längeren Zeitraum hinweg haben gezeigt, daß dies sowohl bei der Arbeit an elektronischen Schreibmaschinen als auch besonders am Computer ohne weiteres möglich ist. Es ist jedoch selbstverständlich in die Entscheidung eines jeden Kollegen gelegt, ob er hier mit uns einig gehen mag oder nicht. Die Großschreibung kann ebenso zu jedem anderen Zeitpunkt gewählt werden.

So kann bei der Arbeit am Computer, der hier das volle Funktionsspektrum einer Schreibmaschine übernimmt, im allgemeinen davon ausgegangen werden, die Umschaltung zu einem relativ frühen Zeitpunkt risikolos einzuführen. Sie ganz an den Anfang der 1. Lektion zu stellen, erscheint uns aus didaktischen Erwägungen heraus nicht angeraten. Die Gefahr, Störungen im bewegungsmotorischen Ablauf zu begünstigen, ist relativ hoch. Die Problematik der Umschaltung - auch an einem Computer - liegt auf der Hand:

- Es sollen jeweils nur die kleinen Finger zu den Umschalttasten abgespreizt werden.
- Die übrigen Finger dürfen den Kontakt zu den Grundtasten nicht verlieren.
- Die Umschaltung muß gegengleich ausgeführt werden.
- Die Abstände der linken und rechten Umschalttasten zur Grundstellung sind verschieden weit entfernt.

Insbesondere ist darauf zu achten, daß beim Abspreizen der kleinen Finger die übrigen Finger nicht auseinandergezogen oder gar hochgehoben werden, da dies zwangsläufig zu Fehlanschlägen führen muß. Manchmal kann bei Schülern auch das Ballen der Hand zur Faust mit steif vorgestrecktem Zeigefinger beobachtet werden.

Dem Lernenden sollte klar veranschaulicht werden, daß die beiden *Umschalttasten nicht angeschlagen*, sondern *bewußt niedergedrückt* werden. Sie sind in dieser Position unbedingt so lange zu halten, bis der erwünschte Großbuchstabe angeschlagen worden ist. Diese Bewegung steht für den „Anfänger" in krassem Gegensatz zu der federnden, fast zuckenden Bewegung beim Anschlagen von Buchstaben. Da dies einen erneuten Umdenk- und Umlernprozeß verlangt und bewirkt, kommt der Einführung der Großschreibung hier eine besondere Bedeutung zu. Ferner ist zu berücksichtigen, daß die kleinen Finger, mit denen die Umschalttasten bedient werden, neben den Ringfingern zu den schwächsten der Hand gehören. Beansprucht man diese nun auch noch in einem zu frühen Stadium mit dem Bedienen der Umschalttasten, kann dies unweigerlich zum Verlassen der Grundstellung führen und den Prozeß des „Blindschreibens" ernstlich gefährden.

Aus diesen Überlegungen ergeben sich daher für den Stundenverlauf drei wichtige Teilziele:

1. Schritt: Der Schüler muß technisch sauber umschalten, d. h. er soll im Laufe dieses Lernprozesses ohne Verkrampfung der Schultermuskulatur arbeiten.

2. Schritt: Der Umschaltvorgang soll in den gesamten Schreibfluß miteinbezogen werden. Der Schüler muß folglich Groß- und Kleinbuchstaben im gleichen Tempo eingeben können. Auch an einem Computer empfiehlt sich daher zu Beginn für die Großbuchstaben ein 3-Zeiten-Takt, der auch die jeweilige Rückkehr des kleinen Fingers in die Grundposition gewährleistet.

Das bedeutet also:
1. Niederdrücken und Festhalten der Umschalttaste;
2. Anschlag der Schreibtaste;
3. Loslassen der Umschalttaste und eventuell weitere Tastenbedienung.

3. Schritt: Der Umschaltvorgang muß automatisiert werden. Der Schüler soll
              also ohne Denk- und Steuerungsaufwand die richtige Umschalttaste
              benutzen. Daher wurde - wie in allen anderen Lektionen - auch hier
              auf die Parallelität der Griffwege in den Übungsbeispielen gesteigerter
              Wert gelegt.

LEKTION 3.1   (= L3_1.TXT)

```
↓F↑ ↓J↑ ↓F↑ ↓J↑ ↓F↑ ↓J↑ ↓F↑ ↓J↑ ↓F↑ ↓J↑ ↓F↑ ↓J↑ ↓F↑ ↓J↑ ↓F↑

↓Ftö ↓Jta ↓Ftö ↓Jta ↓Ftö ↓Jta ↓Ftö ↓Jta ↓Ftö ↓Jta ↓Ftö ↓Jta

Fell Jade Frau Jura Fels Jude Flak Jede Fall Jule Falk Juli

↓D↑ ↓K↑ ↓D↑ ↓K↑ ↓D↑ ↓K↑ ↓D↑ ↓K↑ ↓D↑ ↓K↑ ↓D↑ ↓K↑ ↓D↑ ↓K↑ ↓D↑

↓Dtö ↓Kta ↓Dtö ↓Kta ↓Dtö ↓Kta ↓Dtö ↓Kta ↓Dtö ↓Kta ↓Dtö ↓Kta

Dual Kral Drei Karl Drau Kiel Dirk Kerl Dias Kurs Daus Kufe

↓S↑ ↓L↑ ↓S↑ ↓L↑ ↓S↑ ↓L↑ ↓S↑ ↓L↑ ↓S↑ ↓L↑ ↓S↑ ↓L↑ ↓S↑ ↓L↑ ↓S↑

↓Stö ↓Lta ↓Stö ↓Lta ↓Stö ↓Lta ↓Stö ↓Lta ↓Stö ↓Lta ↓Stö ↓Lta

Saal Lauf Seil Lara Saar Lied Sake Leid Sarl Lure Safe Laus

↓A↑ ↓Ö↑ ↓A↑ ↓Ö↑ ↓A↑ ↓Ö↑ ↓A↑ ↓Ö↑ ↓A↑ ↓Ö↑ ↓A↑ ↓Ö↑ ↓A↑ ↓Ö↑ ↓A↑

↓Atö ↓Öta ↓Atö ↓Öta ↓Atö ↓Öta ↓Atö ↓Öta ↓Atö ↓Öta ↓Atö ↓Öta

Affe Ösel Aras Öser Ader Öder Afra Ölle Aida Örel Aula Ökal

Areale Safari Ölfelder Jeki Dauerlauf Federkleid Kreidefels

Ledersessel Kieselerde Aralsee Kleideröse Jurakreide Diesel

Kreidekreis Alaska Karies Feuer Adria Flieder Diskus Fiaker
```

2.3.2   Einführung beider Umschalttasten in der Oberreihe

LEKTION 3.2   (= L3_2.TXT)

Erweiterte Umschaltübungen in der Oberreihe

```
↓R↑ ↓U↑ ↓R↑ ↓U↑ ↓R↑ ↓U↑ ↓R↑ ↓U↑ ↓R↑ ↓U↑ ↓R↑ ↓U↑ ↓R↑ ↓U↑ ↓R↑

↓R↑ö ↓U↑a ↓R↑ö ↓U↑a ↓R↑ö ↓U↑a ↓R↑ö ↓U↑a ↓R↑ö ↓U↑a ↓R↑ö ↓U↑a

Reis Ulla Reif Ukas Ries Ural Rake Ulli Ralf Ufer Rufe Usus

Rasur Uriel Radius Uala Relais Ursula Raffael Urak Radikale

Riese UdSSR Rafael Ulkerei Reisfelder Udara Ruder Ulladulla

↓E↑ ↓I↑ ↓E↑ ↓I↑ ↓E↑ ↓I↑ ↓E↑ ↓I↑ ↓E↑ ↓I↑ ↓E↑ ↓I↑ ↓E↑ ↓I↑ ↓E↑

↓E↑ö ↓I↑a ↓E↑ö ↓I↑a ↓E↑ö ↓I↑a ↓E↑ö ↓I↑a ↓E↑ö ↓I↑a ↓E↑ö ↓I↑a

Esel Ilse Efeu Idee Elke Iris Eide Isar Esse Irak Eule Isel

Iller Earl Israel Eifel Ilias Eider Ikarus Erlös Isis Eifer

Eau Ire Elle Ideal Erle Iliade Esser Edersee Idalia Ellerau
```

Wörter mit wechselnder Umschaltung

```
Edelreifer Idealfall Reisauflauf Ulfilas Eislauf Reisedauer

Isarlauf Radikalkur Erdkreise Uferlauf Euklid Irak Rasierer

Eil Isra Eriesee Issia Eiserfeld Issel Eisfeld Iski Elefsis

Radefeld Ukaila Euskadi Itkusee Rafidijja Udala Erlau Irsee

IJssel Ilfeld Uralsk Rajada Ukkelulaija Riffler Essau Erdek

Redelrerik Rijeka Iselle Russkij Edfu Riad Eureka Ujar Urfa
```

Erweiterte Wortliste

```
Edda Eile Ekel Elfe Elfer Elsa Erde Erikas Erker Esaus Irre
Rad Radar Rade Radi Radler Radulf Raffke Ralle Rassel Raufe
Rauferei Relief Reseda Reu Reue Reuse Ried Ulk Ulkus Ursels
```

2.3.3   Erweiterte Umschaltübungen aus allen bisherigen Lektionen

LEKTION 3.3   (= L3_3.TXT)

Vertiefende Übungen zur Umschaltung

```
Arie Aida Allee Akelei Afrika Alaska Arkade Ausfall Aralsee

Falke Farad Fakir Filius Fallada Fassade Filiale Frikadelle

Ilias Isaak Irre Irade Ikarus Israel Ilfeld Ideale Irreales

Jaffa Jause Jesus Judas Julia Jesaja Judika Julier Jurasier

Keks Kaiser Kakadu Kalauer Karussell Kakerlake Kaffeelöffel

Leid Laie Luke Laffe Lakai Laser Lasur Lauer Luder Lauserei

Radau Relais Relief Radler Rafael Ruderer Reisfeld Radierer

Ski Seife Sierra Suleika Sudelei Saurier Sardelle Sauerklee

Ur Ufa Uri Ural Ulkus Ukelei Ursula Uradel Uferlauf Ulfilas

Dual Duell Dallas Druide Diskus Defilee Dieselöle Dauerlauf
```

Wörter im Wechsel mit dem Umschaltfeststeller

```
Rasse ILSE Leder UFER Fussel KLEIDER Efeu ISSEL Keller JULI

ERDAL Aula KASSE Rufer ISELER Dalle REISE Kufe LEID Idee RF

Alkalde ADELAIDE Arkus FASER Feier FERSE Fessel FREUDE Flur

DUSSEL Eiferer RIFFEL Assisi FLIEDER Juras ISRIJJA Krakauer
```

Erweiterte Wortliste

```
Fiskus Furie Frauke Felder Feuer Fuder Friese Friedel Fusel
Fes Frau Flair Friede Jairus Julius Kalif Kalkar Kar Kuskus
Karaffe Karelier Kauffrau Kaukasus Krefeld Krake Krise Kral
Kikeriki Klausur Kraul Kulisse Laura Ladislaus Leu Lid Laus
Liesel Lars Ralle Rasur Reife Rede Riff Riese Reis Rilke Re
Rudel Ruder Rias Radi Raser Reuse Seidel Seile Serail Serie
Seide Seefelder Sisal Siel Silur Skala Sasse Siedler Uriels
```

2.4   UE 4: Didaktische und methodische Überlegungen

Baustein: Tastaturschulung Lektion 4.1 - 4.4

Thema:
- Grundtastenreihe: **g** und **h**
- Oberreihe: **t** und **z** in Verbindung mit den Ziffern **6** und **7**

Funktion:
- Erarbeitung der ersten vier Spreizgriffe
- Notwendigkeit des Vorgreifens

Das methodische Prinzip, zur Schreibsicherheit weiterhin die stärksten Finger der Hand in den Vordergrund zu stellen, soll mit dem Vorziehen des Innenspreizgriffes in der Grundtastenreihe fortgeführt werden.

In der Begegnung mit dem neu zu erarbeitenden Stoff ist es ratsam, die Führungsgriffe - ungeachtet der Einführung beider Umschalttasten - zunächst einmal in Kleinschreibung vorzunehmen, um ein langsames Ansteigen im Schwierigkeitsgrad des Schreibbewältigungsprozesses zu gewährleisten. Erst in einem zweiten Teilziel sollte dann auf die Umschaltung eingegangen werden.

Da auf die Notwendigkeit des Vorgreifens außerhalb des Grundtastenbereiches bereits in der 2. Lektion hingewiesen wurde, genügt u. U. ein kurzer Denkanstoß an die Schüler, daß es sich bei den neu hinzugekommenen Tasten um ein gleichgelagertes Problem handelt. Sollten Sie allerdings feststellen, daß dieser Denkanstoß allein nicht ausreicht, verweisen wir auch hier auf die Möglichkeit des Taktschreibens unter Anleitung.

Bei der Erarbeitung der Lektion 4.2 empfiehlt es sich aus didaktischen Erwägungen, die Führungsgriffe zunächst über den ersten Innenspreizgriff **g** und **h** zu erarbeiten. Selbstverständlich haben Sie auch die Möglichkeit, die Übungen parallel getrennt einzuspielen, um sie so individuell dem Begabungs- und Leistungsniveau einzelner Schüler besser anzupassen.

2.4.1   Einführung der Buchstaben g und h

LEKTION 4.1   (= L4_1.TXT)

Führungsgriffe

```
fgf jhj fgf jhj fg jh fg jh gf hj gf hj fgfgfgrgfg jhjhjhuh

fgf dgf sgf agf fag dag sag aag afg sfg dfg ffg grf gef rgf

jhj khj lhj öhj jöh köh löh ööh öjh kjh ljh jjh huj hij uhj
```

Komparativtraining

```
erde gras gase saga graf grad gare sarg agfa rege sage fege

hulu hill juhu höll hili luhi jiji hilk huli huki hiki kluh
```

Vorübungen zur Umschaltung

```
↓G↑ö ↓H↑a ↓G↑ö ↓H↑a ↓G↑ö ↓H↑a ↓G↑ö ↓H↑a ↓G↑ö ↓H↑a ↓G↑ö ↓H↑a
```

Wörter mit Umschaltung

```
Grad Haff Grau Haar Gaul Hall Gras Hals Haus Gala Huld Geld
Herd Graf Hefe Gier Harfe Gelege Husar Gaffer Hörsaal Gilde
```

Wörter mit und ohne Umschaltung

```
Lage Lage Igel Igel lieg lieg egal egal Liga Liga fege fege

sehe sehe fehl fehl Dreh Dreh kehr kehr lehr lehr Höll Höll

Flieger Skagerrak Fegefeuer Hilferufe fehlerfrei Hauslehrer

Allah Aargau Hasard frugal haarige Ausflug Ausfuhr Kaufhaus

grau Sahara adlig Halle Galeere Rauhhaar Giraffe Halskrause

Auge Halleluja Galle Hausierer Aufgeld Aufheller geduldiger
```

Die beiden „Neuen" in einem Wort

Hausgehilfe Hegel gedeihe Gasherd Gerhard Heiliger gehörige

Hallig fahrige Glasuhr Feuergefahr Siegerhalle geradeheraus

Eisgefahr Heilige Fahrgleise Glashaus hellhörig Geröllhalde

Gehege Gehör Eishagel Hildegard Gahai Higuera Gehrde Haugar

Zeigefingerfolgen

fgfr5rfg5gf jhju8ujh8hj fgfr5rfg5gf jhju8ujh8hj fjghru58rug

fgde4gedfgf jhki9hikjhj fgde4gedfgf jhki9hikjhj dkei49eidkg

Übungen in Verbindung mit den Zahlen

45 Gleise 9 Fehler 49 Grad 4 Herde 58 Griffe 85 Helfer 9 ha

5 Gurus 49 Uhus 9588 Haare 48 Jagdflieger 59 Gags 44 Segler

98 Erreger 5 Höker 4 Glieder 8 Hehler 49 Aargauer 9 Gallier

Fehlerfreies Zeilenschreiben

Agfa Ahle Allergie Dahlie Eger Dreher Flegel Leihhaus Segel	69
Gerda frag Karl Hilf ihr heil heraus Gehe geradeaus Lege es	134
Das Geld der Hausfrau Gisela Keller Gerd Heidlers Hilferufe	202
Siegfried fege sehr leise Der Hausgehilfe aus Alfeld sah es	266
Der Geiger Dirk als Herr der Lage Lege das Jagdglas hierher	333
Als eifriger Helfer des Hauses Auf der Höhe dieser Karriere	399
Gerade diese leidige Klausur Erika fuhr rassig Kais Fahrrad	464

Erweiterte Wortliste

Argus Arhus eifrigere Fagara Figur Frage Gallus Gaus Geiers
Geisel Glasur Greifer Griffel Hausherr Held Jahre kahl Krug
Kehrer Köhler Lagerhaus Lehrers Rage Rahe riesige riesigere
Riga Rigi Ruhe Ruhr Saga Sage Seher Sieger Uhrfeder Urfehde

2.4.2   **Einführung der Buchstaben t und z**
              in Verbindung mit den Ziffern 6 und 7

LEKTION 4.2   (= L4_2.TXT)

Führungsgriffe

```
fgt6tgf jhz7zhj fgt6tgf jhz7zhj fgt6tgf jhz7zhj ft6tftf jz7

ft6tf jz7zj ft6tf jz7zj f6f j7j f6f j7j f6 j7 f6 j7 6f 7j6f

f67j j76f f67j j76f f676f j767j 67j 76f 65f 78j 65f 78j f67
```

Komparativtraining

```
rast star asta ster erst taft ragt sagt fegt regt fett test
zulu luzi kizz hölz zikk hilz zili ulzi juzz kilz zukk luzl
```

Vorübungen zur Umschaltung

```
↓T↑ ↓Z↑ ↓T↑ ↓Z↑ ↓T↑ ↓Z↑ ↓T↑ ↓Z↑ ↓T↑ ↓Z↑ ↓T↑ ↓Z↑ ↓T↑ ↓Z↑ ↓T↑

↓T↑a ↓Z↑ö ↓T↑a ↓Z↑ö ↓T↑a ↓Z↑ö ↓T↑a ↓Z↑ö ↓T↑a ↓Z↑ö ↓T↑a ↓Z↑ö
```

Wortübungen

```
Tell Ziel Tölz Zahl Taft Zier Tara Zulu Täss Zili Test Zuki

ztz satt Jazz Latte Sitte Fuzzi Razzia Skizze Dattel Gatter

Taue Taufe Tadel Tafel Talar Taille Terrasse Takelage Tatar

Tellur Teufel Tiger Tragik Treffer Trödel Tastatur Thriller

Ast Status Statistik Steuerzahler Staffellauf Stiere steril

ziehe Zeder Zeiger Zufall Zeisige Zuhause 67zeilig Zeughaus

Thuja Thule Thalia Thilde Thales Theklas Theresia Thesaurus
```

Die „Neuen" in einem Wort

```
Terz Zettel zeitig Zitat Zutritt Ziffer Zigarette Zitadelle

Sturz Stelze Stirzel Striezel Strizzis Terzett Urzeit Hertz

Stieglitz Stutzer Tatze Ritze ratzekahl Katze Ketzer letzte
```

Vorübungen in Verbindung mit den Ziffern

```
de4edfr5rft6tgf ki9ikju8ujz7zhj de4dfr5ft6tf ki9kju8jz7zjf6

87 Tage 66 Teile 676 Reiher 487 Kater 478 Hölzer 6785 Jahre
```

Wer kennt diese Orte?

```
5559 Fastrau 5584 Alf 4559 Talge 7798 Zell 7779 Stadel 8459
```

Geläufigkeitssätze mit Ziffern als Minutenübung*

```
Rast der Stuhl der Staat die gute Tat die Stuttgarter Stute |  66
Öl fettet Die Klette haftet Der Stör erkaltet Gretha lötete | 132
Der Laster tutet Jutta hustet Gitta fastet Ute tröstet laut | 197

Hiltraut klettert Das Fest ist lustig Der Teufel ist listig | 262
Alle 49 raus aus dieser Klasse Die 44 Lieder des Feiertages | 327
Hast Du Zeit Heute ist hitzefrei Es ist diese Zusatzklausel | 393

Ladislaus geht zur Hafergasse 57 Siehe Ziffer 4 auf Seite 6 | 457
Der Setzer Giselher hat die Zeile 7 kurzfristig dazugesetzt | 522
Seit August des Jahres 89 ist Siegfried Alk Segelfluglehrer | 588

Er zeigte Lukretia aus Stuttgart das Flugziel auf der Karte | 653
Die Ahler Filiale stellt jetzt erstklassige Ersatzteile her | 717
Felizitas Skizze des Reisezieles ist leider sehr fehlerhaft | 780

Zur Tatzeit flitzte der listige Julius hastig aus der Kasse | 844
Der Saal ist gut geheizt Therese hetzte als letzte zur Fete | 908
Das Steak ist sehr herzhaft Harald Zar ist sehr aufgekratzt | 972
```

---

* Zum jetzigen Zeitpunkt muß auf die Interpunktion verzichtet werden (s. Vorbemerkung zu diesem Kapitel). Um keine Störungen im bewegungsmotorischen Ablauf hervorzurufen, raten wir dringend davon ab, an Stelle des fehlenden Interpunktionszeichens eine zusätzliche Leertaste zu drücken.

```
Da ist guter Rat sehr teuer Die Hektik des Alltags ist hart | 1037
Lasse Dir halt Zeit dazu Das Reiseziel ist die Stadt Kassel | 1104
Das Feuer zerstörte letztes Jahr Siegfrieds altes Lagerhaus | 1169
```

Erweiterte Wortliste

```
Adlatus Affekte Affektierte Alter Attika Effekt Gatte Gitta
Gitarrist gute Hast hastig Hetze Hut jetzt Kaste Kette Kilt
Kiste kitzelig Liste Liszt Ratte Rehkitz Reiter Rest Retter
rettete Rita Ritter rustikales Rute Saft Saite Seite Setter
Setze Sitz Talkerde Taste Tat Teig Teiler Tele Tetzel These
Tiefe Tuter Udet Ultra uralt Utah Zadek Ziege Ziegel Zierde
Zille Zillertaler Zirkus Zither Zitze Ziu Zug Zulauf Zulage
```

2.4.3   Komparativtraining Nr. 2

LEKTION 4.3   (= L4_3.TXT)

(linke Hand)

```
fett asta gerd trat tara gast erst arts gres frag gase gras

agra gesa graf gage eger rate este gera grad star ster fast

fata rast rest satt saat tate rett tass fege trag rage east

saga sarg rege traf sage saft tret tage taft steg test tesa
```

(rechte Hand)

```
hill zill lizz hulu juhu zulu löhi hujö hilk ikuz ulzi hulz

zilk julu luzi juzi zili uzul kizö kuzz hikl kuhl lihö zöki

hulk zikk huzi jilz kizz hiki uzil lizu kuiz öhji huik kulz

öhil höki hull höll zuki hili lizi luhi jull hölz zilu öliz
```

(2 links - 2 rechts)

```
agil gell gaul grul reih fehl rauh fahl dazu gril tell reiz

teil falz stuk truk gall truh tril grik geiz salz dehl dezi
```

(2 rechts - 2 links)

```
lust kist zier hier lies luft jörg hufe zita hirt löte höre
lieg klag lueg list liga zist hutt lift jute kurt ihre zuge
```

(Handwechsel nach jedem Anschlag)

```
tuti guru helf haus krug hals sigi lehe half giel utah heit
ritu sitz suez kalt zeit zeug haug fleh laut tirk halt zaus
ditz hauf tiru gisu rigl akri laug zehr gisi ruth hela zeis
zeus futu sieh urig tigl akel heis heid heue rigi flat girl
sirz legi autz jahr ritz heut tuel giti held haie haut kehr
```

2.4.4 Zahlenblatt Nr. 2

LEKTION 4.4   (= L4_4.TXT)

```
548 Leser 48 Klassiker 984 Kleider 948 Esel 958 Areale 4958
45 Gleise 89 Fehler 49 Grad 94 Herde 58 Griffe 85 Helfer 54
fgt6tgf jhz7zhj fgt6tgf jhz7zhj fgt6tgf jhz7zhj fgt6tgf jhz
ft6tf jz7zj ft6tf jz7zj f6f j7j f6f j7j f6 j7 f6 j7 6f7 7j6
fr565rf ju878uj d456tf k987zj de4edfr5rft6tgf6 ki9ikju8ujz7
f67j j76f f67j j76f f676f j676j 67j 76f 65f 78j 65f 78j fg6
64 Jahre 87 Tage 5867 Eier 47 Köhler 97 Kater 48 Hölzer 679
5559 Fastrau 5584 Alf 7968 Saulgau 4559 Sitter 8586 Gefrees
7798 Zell 5569 Gefell 7968 Haid 6674 Hassel 4559 Talge 8467
6479 Ulfa 5569 Utzerath 8949 Erisried 8586 Zettlitz 7566 Au
4459 Halle 5759 Helle 8994 Hergatz 4474 Hilter 8585 Tressau
5449 Laudert 4594 Garrel 8459 Edelsfeld 7869 Aftersteg 5566
```

2.5   UE 5: Didaktische und methodische Überlegungen

Baustein: Tastaturschulung Lektion 5.1 - 5.4

Thema: - Einführung von **v** und **m**
         - Einführung von **b** und **n**

Funktion: Die letzten zu erarbeitenden Innen-
         spreizgriffe

Mit der Erarbeitung dieser vier neuen Buchstaben bewegen sich Ihre Schüler erstmals über alle vier Reihen der Tastatur. Diesem Umstand sollte der Stundenverlauf Rechnung tragen.

Erschwerend mag sich bei manchem Schüler die Tatsache erweisen, daß es sich bei den Buchstaben **v** und **m** zwar auch um einen parallel laufenden Griff handelt, daß Sie für den bewegungsmotorischen Ablauf jedoch zunächst den klaren Impuls geben müssen, mit dem linken Zeigefinger nach *innen*, mit dem rechten jedoch nach *außen* zu greifen. An die bisherige Parallelität der zuvor erarbeiteten Buchstaben gewohnt, werden die Schüler von sich aus instinktiv beide Zeigefinger nach innen abspreizen. Daher empfehlen wir unbedingt, bei den ersten *Trockenübungen* der neuen Griffe den Schülern zu erlauben, sich einen kurzen optischen Eindruck zu verschaffen, damit die Griffsicherheit gleich zu Beginn der zu schreibenden Führungsgriffe optimiert werden kann.

Auf keinen Fall sollte es versäumt werden, die Schüler auf die unterschiedliche Entfernung der Griffwege **f** zu **b** und **j** zu **n** hinzuweisen. Möglicherweise erinnert sich der eine oder andere Schüler an die gleiche Problemstellung bei **t** und **z**.

2.5.1   Einführung der Buchstaben v und m

LEKTION 5.1   (= L5_1.TXT)

Führungsgriffe

```
fvf jmj fvf jmj fv jm fv jm vf mj vf mj fvfvfvrvrf jmjmjmum

fvf dvd svs avf vaf vsf vdf vff vrf vef vtf v4f v5f vgf v6g

jmj kmk lmj ömj möj mlj mkj mjj muj mij mzj m9j m8j mhm m7h
```

Zeigefingerfolgen

```
fvfrfg6gfrvf5vf vfvgvrvgv5v6vtvfrgf fvfrvfgvftvf6vf5vfgfv5v

jmjujh7hjumj8mj mjmhmumhm8m7mzmjuhj jmjumjhmjzmj7mj8mjhjm8m
```

Komparativtraining

```
ver vers save aver grev serv vase avas vage vera dave vater

mil limu zulu mull mill kumi ulim klim jimö zimi muli miliz
```

Vorübungen zur Großschreibung

```
↓V↑ ↓M↑ ↓V↑ ↓M↑ ↓V↑ ↓M↑ ↓V↑ ↓M↑ ↓V↑ ↓M↑ ↓V↑ ↓M↑ ↓V↑ ↓M↑ ↓V↑

↓V↑ö ↓M↑a ↓V↑ö ↓M↑a ↓V↑ö ↓M↑a ↓V↑ö ↓M↑a ↓V↑ö ↓M↑a ↓V↑ö ↓M↑a
```

Wortübungen

```
Via Vase Virus Vikar Vater Vaduz Vivat Villa Vehikel Valuta

Magma Melker Mörser Murmel Museum Mamsell Meister Marmelade

Vera Mehl Visa Melk Vita Meer Vieh Maus Veit Mull Vale Murr

Lava Avus Avers Revue David Aktive Frevler Everest avisiert

Mama Darm Krume Flaum Email Damast Familie Amadeus Amateure
```

Elvira Avila Valerie Vitus Veddel Versailles Vrede Veltheim

Amalgam Hamm Mumie Himmel Miami Hummel Ameise Hammer Mittel

Vers Verhör Verkehr Verfall Verkauf Verlust Vertrag Verlage

verlegt vereistes vereidigt verkettet verarztete vergittert

Frömmigkeit Himmelfahrt Klammeraffe Hammelkeule Radiergummi

Die „Neuen" in einem Wort

vermiest vermietet verfremdet vermittelt vermarktet verfemt

vermutet verdammt vermahlt verdummt vergammeltes vermeldete

vermehrte vermerkt vermummt versammelte verarmter verstimmt

verstummt vermurkst verklemmt verglimmter verirrt verklagte

Die Malve Das Vakuum Der Malvasier Die Massive Das Viatikum

Fehlerfreie Minutenübungen

```
Der Film ist qruseliq Sei immer aufmerksam Höre auf Melitta  |  65
Der Hummelflug auf dem Klaviere gefiel dem Zuhörer sehr gut  |  129
Milva Lutz stimmte das Klima des Mittelmeerraumes sehr mild  |  193

Margarethe fuhr mit ihrem Vetter Servatius zum Gut Mumserat  |  258
Musterhaft mutig meisterte der Musiker aus Malkes die Suite  |  322
Der Vermieter des Malerateliers aus Mara ist völlig verarmt  |  386

Das Ulmer Musikhaus hatte die Klaviere im Juli 89 geliefert  |  451
Der Arzt kam am Samstag zur Visite zu Ludmillas Vetter Adam  |  518
Eva reist mit Sigrid am Samstag zum Madfelder Musikfestival  |  583
```

Erweiterte Wortliste

```
am Amerika Amur Amme Ammersee daheim Damm Dativ Datum Drama
Diademe Emma evakuiert Firma Gamma Gemurmel Gummis Himalaja
Hammerfest Java Kamele Kameras Kavaliere Kavallerie Lamelle
Lama Lametta Madrid Madrigale Magie Maler Mammut Markus Mus
Mittelmeerraum Musiker Muster Rahm Reim Ruhm Salve Sem Seim
Semmel Servus Tamariske Tamara Umsiedler Umlage Umsatz vage
Vademekum Vesuv Viehmarkt visuell Visum Völkermuseum Zimmer
```

2.5.2   Einführung der Buchstaben b und n

LEKTION 5.2   (= L5_2.TXT)

```
fbf jnj fbf jnj fb jn fb jn bf nj bf nj fbfbrbfgb jnjnunjhn

fbf dbf sbf abf baf bsf bdf bff efb rfb tfb gbf vbf gvf gbf

jnj knj lnj önj nöj nlj nkj njj ijn ujn zjn hnj mnj hmj hnj
```

Komparativtraining

```
aber rebe derb farb verb serb erbe ebbe trab rabe eber grab

juni mini link kunz zink möln kuni kinn köln inki luhn kumi
```

Vorübungen zur Umschaltung

```
↓Btö ↓Nta ↓Btö ↓Nta ↓Btö ↓Nta ↓Btö ↓Nta ↓Btö ↓Nta ↓Btö ↓Nta
```

Wortübungen mit und ohne Umschaltung

```
Land Taub Rind Abel fein lieb Lind Hieb Kind Eibe Ring Elbe

Negative Narzisse Namenstag Niederlage Numerale Niederlande

Kennermiene Halbstarke Landesvater Hebelgesetz Skandinavien
```

Die „Neuen" in einem Wort

```
Tannenbaum Karabinerhaken kunterbunt Netzball stabilisieren

Fernsehkabeltunnel Kammermusikabende Berufsberatungsstellen

Klavierbegleitungen Abstimmungsergebnis Bemessungsgrundlage
```

Fehlerfreies Zeilenschreiben

```
In Brandenburg eröffneten im Herbst 4 Beherbergungsbetriebe |  64
Mit Kennermiene verzehrte Bertram den Riesenhummer in Husum | 129
Das Neubaugebiet am Rand unserer Stadt ist eine Alternative | 194
```

```
In den vergangenen Herbstferien fuhr Ada in die Niederlande | 258
Die Berufsberatungsstellen stehen allen mit Rat und Tat bei | 322
Zum Namenstag ihrer Mutter kaufte Bea ein Dutzend Narzissen | 388

Die Abstimmungsergebnisse in den Klassen fielen negativ aus | 451
Die Familie Kummer lieh Margarethe und Hartmut das Fahrgeld | 517
Dagmar und Harm erledigten diese Arbeiten völlig fehlerfrei | 580
```

Erweiterte Wortliste

```
Abendessen Aberglauben Angst Badefreuden Baltikum Bekanntes
Bekannter Biberfell Blinde Blindenhund Bundesbahn Busfahrer
Erdbeben Glaubensbekenntnisse Heilbehandlungen Kammerdiener
Karneval Kummerkasten Lambarene Nebenverkauf Nibelungensage
Sabbat Sedan Sibirien Tabernakel Triebkraft Venen Vererbung
```

2.5.3   Komparativtraining Nr. 3

LEKTION 5.3   (= L5_3.TXT)

(linke Hand)

```
eber feba vers veda rede berg aber baar base bart brav bade

rabe baff vase bert best rebe vade vage vera erbe evas dave

brest vaters vetter barbar bretter bester bedarf restbetrag
```

(rechte Hand)

```
null nimm kinn nukl kömm immi zinn juni hinz köln knuz nihi

kuhn zink linz kunz huhn hink muli inki mini mull milz link

höll milk klim mili muzi mizi muni köhm mulk mumm kumi mill
```

(2 links - 2 rechts)

```
reim rahm damm grim frön veil saum rein ball trum brum baum

raum bale balk daim veli balz belk trim rami ramm frim daum

grum gami femi gaum vaku armi asim remu renn erni bann frum
```

(2 rechts - 2 links)

inge niet nier lieb kleb nute mira möge luve nurs nies murr

muse mist mure nife unga kiev knab klav nige muff umra nieg

live miev mied must mued mief mute knef mies infa mida umeg

(Handwechsel nach jedem Anschlag)

siam maus firm turm mehr male maud hand hemd visir iris amt

mahd viel vivi meld mais rubi bubi virl nahe naht blan amen

neid zang blei name neig lena urne jena blau zand ibis lana

2.5.4   Zahlenblatt Nr. 3

LEKTION 5.4   **(= L5_4.TXT)**

4edfb 9ijn 4edvf 9ikmj 4bfgb 9njhn 4gebf 9hinj 4fbev 99jnim

44geb 99him 49ihm 94egv 494edv 949ikm 994brv 449num 4949iln

8 Narzissen 98 Bergarbeiter 497 Buren 56 Ringe 77 Batterien

5 Radiergummis 9 Amateure 45 Aktive 5 Vehikel 45 Mullbinden

8 Raben 9 Bilder 4 Tiefebenen 75 Ferientage 7 Kanalarbeiter

4 Male 76 Sandalen 6 Landratten 45 Sandgruben 54 Vegetarier

94 Nashörner 64 Raubtiere 49 Riesenkrabben 8 Milane 6 Möven

66 Markenartikel 97 Butterbrezeln 5 Rumkugeln 7 Brandblasen

94 Verben 45 Vandalen 59 Mitgliedskarten 47 Veranstaltungen

6669 Linden 7948 Tannen 8575 Kiefern 9497 Eiben 5745 Birken

4 Kammermusikabende 9 Abstimmungsergebnisse 55 Vermietungen

8 aus Venezuela 9 aus Brasilien 7 aus Kamerun 4 aus England

749 Disketten 79 Lufthansajets 49 Admirale der Bundesmarine

2.6   UE 6: Didaktische und methodische Überlegungen

Baustein: Tastaturschulung Lektion 6.1 - 6.4

Thema:
- Einführung von c, **Komma** und Semikolon
- Einführung von **w** und **o** in Verbindung mit den Ziffern 3 und 0

Funktion: Einbindung der ersten Satzzeichen in Wort- und Satzübungen

Mit der Einführung des Kommas werden die Schüler mit dem ersten Satzzeichen konfrontiert, das es zu schreiben gilt.

Die Tatsache, daß ein Komma - wie jedes andere Satzzeichen auch - unmittelbar an den letzten Buchstaben anzuschließen ist, sollten Sie betont in das Bewußtsein der Schüler rücken. Es handelt sich bei dieser Verfahrensweise keineswegs um ein fachspezifisches Anliegen des Tastaturschreibens. Sie unterliegt vielmehr den Schreib- und Anwendungsregeln des Dudens. Unter Umständen sind solche Anwendungsregeln bisher von den Schülern nicht bewußt registriert worden. Bei einer handschriftlich gefertigten Vorlage ist das, möglicherweise mit einem Zwischenraum gesetzte Satzzeichen, auch nicht immer in eindeutiger Falschplazierung zu erkennen. Das tastaturgefertigte Schriftbild hingegen fördert solche Verstöße klar zutage.

Aus der Sicht eigener Erfahrungen begründet, bleibt noch anzuführen, daß Schüler möglicherweise mit dem Argument kommen, die Zuordnung der beiden Tasten c und **Komma** seien für die Mittelfinger unmöglich zu bewältigen, es ginge mit den Zeigefingern bedeutend einfacher. Das ist dann der Augenblick, wo neben Ihrer fachlicher Qualifikation auch Ihre Überzeugungskraft gefordert ist. Wir müssen hier nicht ausdrücklich betonen, daß eine Veränderung des Fingersatzes über kurz oder lang zu dessen Gesamtveränderung und damit zwangsläufig zur Aufgabe des Blindschreibens führen kann.

2.6.1   Einführung des Buchstabens c, des Kommas und des Semikolon

LEKTION 6.1   (= L6_1.TXT)

```
dcd k,k dcd k,k dc k,  dc k,  cd ,k cd ,k fcd j,k scd l,l acd

acd scd fcd gcd vcd bcd ecd rcd tcd 5cd 6cd 4cd 3cd fdcdcec

ö,k l,k j,k h,k m,k n,k i,k u,k z,k 8,k 7,k 9,k 0,k jk,k,i,
```

2 Zeilen Komparativ

```
adac acet acce trec caba cafe cara cart cate cere cete cesa

ki,l mu,m hui, kl,m zi,l öhn, jim, kim, nim, ku,l j,zz k,hl
```

Vorübungen zur Umschaltung

```
↓C↑ ↓;↑ ↓C↑ ↓;↑ ↓C↑ ↓;↑ ↓C↑ ↓;↑ ↓C↑ ↓;↑ ↓C↑ ↓;↑ ↓C↑ ↓;↑ ↓C↑

↓C↑ö ↓;↑a ↓C↑ö ↓;↑a ↓C↑ö ↓;↑a ↓C↑ö ↓;↑a ↓C↑ö ↓;↑a ↓C↑ö ↓;↑a
```

Wortübungen

```
Chef; China; Chemie; Chance; Chauffeur; Chaussee; Cutter CH

Dachs, Fuchs, Flachs, Lachs, Achsen, Krach, Eichen, Richter

Chagall, Chaise, Chalet, Charter, Chiffre, Chemisett, Cham,

Schal; Schade; Schule; Schurke; Schöffe; Schimmel; Scheich;

Schinderhannes, Scherzartikel; Schadenfreude, Schulausflug;

eingebracht, ausgelacht, angebracht, abgemacht, umgebracht,

Lack, Backe, Hecke, Fackel, Buckel, sticken, blicken, Ruck,

Zuckerhut, Ausgehecktes, aufgedeckt, Fackelzug, Kleckserei,

Hackfleisch, Zeitgeschmack, Fachausdruck, Schicksalsschlag,

Kachelecke, Schabernack, Heckenscheren; Kuckuckseierschale;
```

Fehlerfreie Minutenübungen

```
Die Strecke, die Clara in Richtung Schaabe fuhr, ist fatal,    |  65
Irma hatte Angst, denn der Regenschauer nahm immer mehr zu,    | 128
Carmens Ballkleid mit der lila Schleife fiel ungeheuer auf,    | 191

Baldur kennt die Bilder des russischen Malers Marc Chagall,    | 256
Liane kauft ihrer Freundin Angela Cassata aus der Eisdiele,    | 321
Griechenlands Halbinsel Chalkidike ist mein schönstes Ziel,    | 385

Die Schiffahrtsgesellschaft stellte die Fahrt im August um,    | 449
Christels Bild ist nichts als eine schreckliche Kleckserei,    | 512
Dieser Schicksalsschlag ereilte Ruth im vergangenen Urlaub,    | 576
```

Erweiterte Wortliste

```
Achter Bach Cabaret Cadillacs Cadmium Camus Cassata Cellist
Celsius Charakter Charismata Charmeur Cherusker Chesterfild
Chiemsee Chile Chinchillas Chirurg clever Dachdecker Dackel
Erdbeerkuchen Fachfrauen Hacker Kachel Kerzenleuchter Knick
Nachteulen Rache Reichtum Sachen Schach Schaufenster Schilf
schleichen Schmied Schmuck Schutzhaft Stecker stumm Trauung
Trecker Tuschkasten Tutanchamun Umschlag Verfechter zuckern
```

2.6.2   Einführung der Buchstaben w und o
in Verbindung mit den Ziffern 3 und 0

LEKTON 6.2   (= L6_2.TXT)

```
sw3ws lo0ol sw3ws lo0ol sws s3s lol 101 sw s3 lo 10 ws 3s9o

s3s 101 s3s 101 s3 10 s3 10 3s 01 3s 01 sw3wsdf lo0olkj sw3

s3s s3a s3f fs3 ds3 ss3 as3 3af 3sf 3df 3ff f3f f3d f3s f3a

1oö 1ol 1ok 1oj jlo klo llo ölo oöj olj okj ojj joj jok jol

f5fd4ds3s j8jk9kl01 f5fd4ds3s j8jk9kl01 f54df j89kj d4dk9ks
```

Komparativtraining

```
wade werf ware wart wert wasa west wett wags ewer fewa draw

kilo jojo zoll moll holz lomo kuno zoom holm milo klio juno
```

Vorübungen zur Umschaltung

↓W↑ ↓O↑ ↓W↑ ↓O↑ ↓W↑ ↓O↑ ↓W↑ ↓O↑ ↓W↑ ↓O↑ ↓W↑ ↓O↑ ↓W↑ ↓O↑ ↓W↑

↓W↑ö ↓O↑a ↓W↑ö ↓O↑a ↓W↑ö ↓O↑a ↓W↑ö ↓O↑a ↓W↑ö ↓O↑a ↓W↑ö ↓O↑a

Wortübungen

Wal Welle Wiese Wedel Widder Wiesel Wille Waffel Weile Wurm

Ode Osaka Oskar Orkus Orakel Okular Odeur Orient Orkan Ober

Krawalle Kasserolle Juweliere Folklore Reisewelle Krokodile

Wohltat Orwell Wacholder Ortwin Weizenbrot Oberstaatsanwalt

Vorübungen zu schwierigen Wörtern

ge gewitt gewitterwo gewitterwolken gewitterwolkenbildungen

st staff staffel staffett staffettenwett staffettenwettlauf

of offizi offizier offiziersk offizierskasi offizierskasino

Gewitterwolkenbildungen Staffettenwettlauf Offizierskasinos

Wortübungen in Verbindung mit den Ziffern

3 Wiesel 40 Otter 50 Wale 60 Murmeltiere 7345 Eissturmvögel

380 Moostiere 5 Olme 30 Ozelots 90 Grauwale 95 Wassertreter

Fehlerfreies Minutenschreiben

```
Heinrich ist heute Sieger der Segelregatta in Kiel geworden |   64
Er hört das Madrigal der Mitglieder des Orchesters 5stimmig |  128
Theodor dirigiert heute als vollwertiger Ersatz die Musiker |  191

Das Wildgehege wird dieses Jahr um 30 a auf 40 ha erweitert |  254
Sie verwendet im Haushalt keinerlei giftige Haushaltsmittel |  317
Die Ozonschicht hat in den letzten Jahren stetig abgenommen |  380
```

```
Die Korallenriffe sind durch Umweltverschmutzungen bedroht,  |   443
Diese Formeln haben Wolf beim Mathematiktest sehr geholfen,  |   507
Thilo stand völlig verdattert und lammfromm vor der Klasse,  |   569

Zellstoff wird in erster Linie aus Holz oder Stroh erzeugt.  |   633
Armins recht rasch gefertigte Collage fand starken Beifall,  |   696
Berthold konnte den Zwischenfall im Ostseebad nur bedauern,  |   759

Kanada ist ein reizvolles Reiseland mit ungeahnter Vielfalt  |   822
Der Zug nach Kiel wechselte vor Bebra die Diesellokomotive,  |   887
Waldur erwies sich als guter Kamerad mit viel Zivilcourage,  |   950

Das Schwurgericht hatte sich zum wiederholten Male vertagt,  |  1013
Konzentration und viel Ausdauer verhalfen Wanda zum Erfolg,  |  1077
Gajus Julius Caligula war vor langer Zeit römischer Kaiser,  |  1142

Wozu benötigen die Damen von Welt eine Krokodilledertasche,  |  1206
Die Reisewelle in die nordischen Regionen blieb leider aus,  |  1269
Diese Gewitterwolkenbildung am Firmament nahm sehr rasch zu  |  1332
```

Erweiterte Wortliste

```
Balkonblume Bundeswehrsoldat Casanova Coiffeur Colmar Credo
Gewehre Goliath Holunderstrauch Holz Jodler Karawane Kimono
Kilowattstunden Kolibris Korallenbank Lawinen Nordsee Noten
Obelisk Offizier Okkult Oktoberfest Ontariosee Ostersonntag
Schwan Schwebebalken Schwertlilie Schwiegersohn Sowjetunion
Sodawasser Solist Strohstern Urwald Vogelnest Vokabelarbeit
Völkermord Wandertag Warnungen Wattenmeer Wollhemden Wunder
Zellstoff Zeremonie Ziehharmonika Zettelwirtschaft Zoologen
```

2.6.3   Komparativtraining Nr. 4

LEKTION 6.3   (= L6_3.TXT)

(linke Hand)

```
crew dave draw etwa ewer face farc fewa gewa rewe trec waag

wabe wade waff wags ware warf wart wasa watt webe wega wege

werbe werd werf wert west weta wett weder ceres werra werst

weser warft acetat bergwege bewege cabaret caracas gewartet

adac gewettet edwards warstade wartberg wasser watte werfer
```

(rechte Hand)

hohl hohn holl holm holz homo ikon illo john join jojo jokl
joko juno kilo kino klio kohl kolk kolo komm komo kuno lilo
kohn mono lion lohn loki limo lomo loni milo mohn moll momo
onki loni kulo loni jomo huno nono nomo joll ölko kono lömo
monk ohio olli onko ozon zion julio junio kokon kolik komik
ohm olm oho konin kujon linol linon lolli lukol minon molli
on ko klo kimono kolonn konzil lokomo million moulin ökonom

(2 links - 2 rechts)

adol agio arno atom brio brok brom cali call cami camu canu
cell ceni droh drom ebol echo egon froh fron reno samo saon
seno tejo trio velo veni wahn walk wall walm walz wank wann
awik weim wauh wril ewin adio fron stoi vron troi seou asol
remo weil wein weni wirk adolar balzac cellar dakota eckige
schmer schieb schief schier schiff schlaflose schlag schlat
scho schote schorf schoga schott schose schobe crozetinseln

(2 rechts - 2 links)

hobe hoff horb hord hose ince jobs jost jota kiew koda kode
kora korb kord kost loge lora lord lore lose lost lots love
löwe luca luga mode mofa most möwe nice nora nord note nova
oise oker okta olaf olga omas omeg zobe zofe zote lobe kobe
mord kose joga jose koff korf koer lode zoff zoer noga morf
norg nota olew loew nobe ohre okar oleg olea omar onde outs
ozea ouve olds zowe ombe onas locs howe hova jorg oler mors

(Handwechsel nach jedem Anschlag)

lego gofi auch auto buch goto buck cham clan dick dock form

ich wucht wurm wurz tiro togo toto vorne wien witz vorherig

kairo kakao fotos gotha doris autor bowle bucht oboen robot

socken sofia jauche eichen sockel borneo clemens eichelborn

laichen lamento lektor manche obenauf theodor tutor wieland

kehricht angucken bockenrod wirken vorig wodka worms wurzel

2.6.4   Zahlenblatt Nr. 4

LEKTION 6.4   (= L6_4.TXT)

3s 1o1 s3s 1o1 s3 1o s3 1o 3s o1 3s o1 sw3wsdf lo0olkj sw3s

s3s s3a s3f s3s ds3 ss3 as3 3af 3sf 3df 3ff f3f f3d f3s f3a

1oö 1o1 1ok 1oj j1o k1o 11o ö1o oöj o1j okj ojj joj jok jol

30 Loks 33 Jahre 3 Chemiker 33 Kilowatt 30 Ballons 300 Watt

73 Krokodile 3 Kronjuwelen 434 Briefe 30 kg Wacholderbeeren

f5fd4ds3s j8jk9kl0l f5fd4ds3s j8jk9kl0l f5f6f j8j7j d4dk9ks

543 Karabinerhaken 890 Bergarbeiter 37 Malermeister 90 Visa

6336 Körbe mit Obst wurden heute auf die Lastwagen geladen,

Diese Orte liegen im Osten Deutschlands

3573 Oebisfelde 4508 Waldersee 9388 Oedran 3707 Wasserleben

3540 Osterburg 7305 Waldheim 8809 Olbersdorf 3607 Wegeleben

9433 Beierfeld 6053 Benshausen 5903 Creuzburg 9304 Cranzahl

4508 Dessau 8030 Dresden 5409 Scheuern 9657 Zwota 88 Zittau

9533 Wilkau 7707 Wittichenau 5705 Menteroda 7404 Meuselwitz

2.7   UE 7: Didaktische und methodische Überlegungen

Baustein: Tastaturschulung Lektion 7.1 - 7.4

Thema: - Einführung von **x**, **Punkt** und **Dop-
             pelpunkt**
            - Einführung von **q**, **p**, **ß**, sowie der
             Ziffern 1 und 2

Funktion: Schwerpunktlegung auf linken kleinen
             Finger, der beide Ziffern zu bedienen
             hat

Die Anzahl der Beispiele bei der Einführung des Buchstabens x ist von vornherein sehr eingeschränkt, wenn Sie nur annähernd aus dem Lebensbereich Ihrer Schüler heraus operieren wollen. Auch wir haben uns daher auf eine ganz geringe Anzahl von Übungswörtern beschränkt[*].

Die Lektion 7.2 stellt in ihrer Gesamtheit eine sehr hohe physische Anforderung an den Schüler. Die Ermüdungserscheinungen sind daher im Bereich dieser Lektion entsprechend hoch. Unsere Empfehlung ist daher, dieser Tatsache vielleicht dadurch entgegenzuwirken, daß man sich unter Umständen auf eine einzeilige Wiedergabe der Übungswörter beschränkt und in einer sich später anschließenden Wiederholungsstunde einen verlagerten Schwerpunkt setzt. Empfehlenswert sind hier auf jeden Fall Ausgleichsgymnastik und häufigere „Atempausen" für die Schüler. Ein weit geöffnetes Fenster oder ein wenig Musik, zu der nicht unbedingt im Takt geschrieben werden muß, konnte nach unserer Erfahrung schon manch „kleines Wunder" bewirken.

---

[*] Sie finden im Anhang einen Text über Asterix und Obelix. Dieser Text hat seinen Übungsschwerpunkt - bedingt durch die Geschichte, die er erzählt - auf dem Buchstaben x. Allerdings können Sie diesen Text erst nach Erarbeitung der Lektion 8.4 einsetzen, da auch die Inhalte dieser Lektion teilweise mitberücksichtigt wurden.

2.7.1   Einführung des Buchstabens x und des Punktes

LEKTION 7.1   (= L7_1.TXT)

Führungsgriffe

```
sxs sxs sx sx xs xs sxsxwxs sxsxwx3xswxsw3wsx sxsxwx3xswxs3
1.1 1.1 1. 1. .1 .1 1.1.o.1 1.1.o.0.1o.1o0o1. 1.1.o.0.1o.10
axf axd axs axa axw axe axr axt axg axb axv axc xaxsxdxfrgx
ö.j ö.k ö.1 ö.ö ö.o ö.i ö.u ö.z ö.h ö.n ö.m ö., .ö.1.k.juh.
```

Vorübungen zur Umschaltung

```
↓X↑ ↓:↑ ↓X↑ ↓:↑ ↓X↑ ↓:↑ ↓X↑ ↓:↑ ↓X↑ ↓:↑ ↓X↑ ↓:↑ ↓X↑
↓X↑ö ↓:↑a ↓X↑ö ↓:↑a ↓X↑ö ↓:↑a ↓X↑ö ↓:↑a ↓X↑ö ↓:↑a ↓X↑ö ↓:↑a
```

Wortübungen

```
Xanten: Xerxes: Xanthippen: Xenophon: Xereswein: Xaver: Xe:
Max. Pax. Toxin. Oxford. Fixum. extern. Examen. Oxer. Luxus
```

Satzübungen

```
Maximale Leistung erzielt. Den Vertrag schriftlich fixiert.
Eine Existenz sichern. Ein Experiment machen. Extreme Tour.
Xerxes war der Name des persischen Königs im 5. Jahrhundert
Als Xanthippe wird oft noch ein zänkisches Weib bezeichnet.
Maxi kennt alle Geschichten der Gallier Asterix und Obelix.
Mit dem Taxi unternahmen wir eine Stadtrundfahrt in Höxter.
Xundheit, Xalze, Xangverein, sind keine Wörter mit einem x.
Kakteen und Wolfsmilcharten bezeichnet man als Xerothermen.
```

2.7.2   **Einführung der Buchstaben q, p, ß**
in Verbindung mit den Ziffern 1 und 2

LEKTION 7.2   (= L7_2.TXT)

Führungsgriffe

```
aq12qa öpßßpö aq12qa öpßßpö aq12 öpßß aq12 öpßß 12qa ßßpöal

aq1 aq2 öpß öpß 2qa 2qa ßpö ßpö 1a ßö 2a ßö 12a ßßö 212aößp

aq121qa aq121qs aq121qd aq121qf a121qa s121qa d121qa f121qa

öpßpö öpßpl öpßpk öpßpj ßjpö ßkpö ßlpö ßöpö jßkßlßö jpßkpßl

5849302ß1 12ß304958 58493021ß 12ß304958 543216 890ß7 675849
```

Vorübungen zur Umschaltung

```
↓Qtö ↓Pta ↓Qtö ↓Pta ↓Qtö ↓Pta ↓Qtö ↓Pta ↓Qtö ↓Pta ↓Qtö ↓Pta

↓Qtö ↓?tö ↓Qtö ↓?tö ↓Qtö ↓?tö ↓Qtö ↓?tö ↓Qtö ↓?tö ↓Qtö ↓?tö
```

Wortübungen mit Umschaltung

```
Qual Quark Pute Pilz Quin Quer Putz Pate Quot Quiz Paul Pit
```

Wortübungen mit und ohne Umschaltung

```
quer Aqua quieken Quellen Quade Qualm Quader Quallen Quaste

Lupen Epos Epik Depot Flaps Kapern Kopeken Coupon Lappalien

groß hieß weiß bloß blaß Kloß Troß Muße Stuß Soße Buße Maße
```

Wortübungen in Verbindung mit den Ziffern

```
1 Quadrat 2 Aquarelle 1 Qualle 2 Quartiere 1 Quote 1 Quaste

12 Pfade 21 Personen 12 Pudel 12 Polen 121 Pakete 2 Peseten

12 Spießgesellen 1 Schoßhund 21 Faßreifen 1 Senkfuß 2 Klöße
```

Erweiterte Wortübungen

Querköpfe Quarkspeise Puderquaste Kaulquappe Quasselstrippe

reißt dreißig Grieß Weißglut Straßen Paßfotos Eßkultur Gruß

Fußpflege Prozeßakte Reißwölfe Weißwurst Bewußtsein bißfest

Treppe Puppe Koppel Noppen Trapper Wappen Rippe Pappplatten

Apfel Dampf Kupfer Gipfel Hopfen Zipfel Pfeffer verschnupft

Euphrat Diphtherie Aphrodite Apostroph Orthographie Strophe

Metamorphose Kopfsalat Opposition Streßfaktoren Quellgebiet

Iphigenia papperlapapp Kochtopfdeckel Heißluftbad quetschen

Fehlerfreie Minutenübungen

```
Die Bundesrepublik Deutschland war 1991 runde 42 Jahre alt. |   64
Aus Anlaß des Schulfestes war der Klavierspieler profihaft. |  128
Elmars quirliges Quartett qualifizierte sich in Queenstown. |  191

Der Absprung der Fallschirmspringer erfolgte im Zielgebiet. |  255
Das Problem war der defekte Propeller an der Sportmaschine. |  319
Pia probierte beide Propellermaschinen in Pfaffenhofen aus. |  382

Evas Heißhunger auf Grießnockerln mit Sahnesoße war maßlos. |  446
Weißkohl, Weißwurst und Weißfisch bringen Ira zur Weißglut. |  511
Erkenne den Unterschied zwischen qualitativ u. quantitativ. |  573

Der Punkt 2 der Schulordnung ist endlich aufgehoben worden. |  636
Unser Freund Philipp Paulus ist die Quasselstrippe der 9 a. |  701
Mein Freund Wolfram Piper ist der Pfiffikus unserer Klasse. |  767

Die Programme der 126 Tests wurden im Computer gespeichert. |  831
Durch das Angebot von 9 Spielen hatte er die Qual der Wahl. |  896
Ungeschultes Personal entpuppte sich mehrfach als Versager. |  959

Bad Wimpfen wurde durch die Heilquellen vielen ein Begriff. | 1023
Der Wettkampf mußte in der Pröllerhalle ausgetragen werden. | 1086
Diese Floßfahrt auf der Isar fand mit 34 Passagieren statt. | 1150

Die Technik, Papier zu fertigen, kam von China nach Europa. | 1215
Pergament soll eine Erfindung des Königs von Pergamon sein. | 1279
Alte Beschreibstoffe waren auch Kupfer, Messing, Gips, Ton. | 1345
```

Erweiterte Wortliste

```
Apostelgeschichte Apotheker Bepflanzung Cheops Chip Clipper
Computer Corpus Dampfheizung Deportation Diplomatie Diplome
Don Dopingkontrolle Drops Episode Espenlaub Esperanto eßbar
Eßtisch Ephesus Europa Explosion Hepatitis Hippokrates Jeep
Jupiter Kapitulation Kapuze Katastrophe Kollaps kompostiert
Lampenschirm Leopardenfell Papageien Paragraphen Parlamente
Parlamentsabgeordnete Paßhöhe Pasteurisation Pelztierfarmen
Perforation Pessimismus Politiker Postpaket Praktiker Probe
Programmgestaltung Prozeßvollmacht Puppentheater Quittebrot
Quacksalberei Quadratgleichungen Quantentheorie Quarzlampen
Quebec Quecksilber Queensland Querschnitt Querulant quirlig
Quittungsblock Rapsodie Rapunzel Schöpfungstag Schupfnudeln
Sparmaßnahme Spaßmacher Stempelkissen Strapazen Straßspange
Vakuumpumpen Viper Weißblech Zapfstelle Zappelphilipp Zöpfe
```

2.7.3   Komparativtraining Nr. 5

LEKTION 7.3   (= L7_3.TXT)

(linke Hand)

```
aqce aseq beqa breq carq casq ceqr dcrq ewaq feeq freq gaqe

garq graq greq qeqe seqc teqs traq treq vaqf veqe vraq waqa

ex axt extra taxe texas text xaver xerxes rex xeres exegese

dexter baqe xera reqa baxter xestes waqe xerte deqas frexas
```

(rechte Hand)

```
hipp hopp hump jipi jump jupi kipp klip kopi kopp lump lupo

phon zipp pikl pilo pilz pinz plom poli poll polo pomp pool

kuß muß popo puli pulk pull pumm pump punk pupp hippi koloß

löß klipp klump pioni pulli phono polin polio koupon nippon

opi höß pipo jupp nipp pompon pupil pikkolo pippin philippi

polk lipß upol pißpo ißko philo phini pilon pilul piminiouz
```

(2 links - 2 rechts)

agip aqui aspi beiß bepi camp capi ceop delp depo depp gapu

grip gruß rapp raup repi repo sepp stip stoß stuß trip vamp

vapl wapp weiß welp groß reiß reuß stop troß vapi briß geiß

exil export fixi foxi exkurs exklav expose luxe xenias xeno

(2 rechts - 2 links)

ipsa opec opas oper phag phat pher piar pias pice phys phar

pief pier piet pire pirs pisa plag plat pleb plet poaf poce

pore poes port pose post pota pott pöbe puds pure pute upsa

(Handwechsel nach jedem Anschlag)

apri blaß fips japs paki pakt pala papa paps pans pele pent

prot prob prof peur prie paus quai qual quan quem span toqu

zept spalt speis spekt sprit quent queue quake qualen priem

priel pfitz japan palais paßamt pflau prisma prosit skepsis

problem proviant penthaus pepsi provisor gieß lapsus engpaß

ix ixl profit box paix büx dixieland oxid fixur cuxha toxis

2.7.4   Zahlenblatt Nr. 5

LEKTION 7.4   (= L7_4.TXT)

aq12qa öpßßpö aq12qa öpßßpö aq12 öpßß aq12 öpßß 12qa ßßpö12

aq1 aq2 öpß öpß 2qa 1qa ßpö ßpö 1a ßö 2a ßö 12a ßßö 121a 12

aq121qa aq121qs aq121qd aq121qf a121qa s121qa d121qa f121qa

5436 8907 4330 6790 9030 5034 8765 5389 3056 9070 6850 3498

123456 7890ß 123456 7890ß ß0987 654321 ß0987 654321 5867479

5849302ß1 12ß304958 58493021ß 12ß304958 54321 890ßß 5489320

Wort- und Satzübungen in Verbindung mit den Ziffern[*]

Achtet auf die richtige Schreibweise der Maße und Gewichte.

12 Postpakete 112 g 12 Werke 11 Spieler 12 Querpfeifer 1222

10 Briefe 58 mm 227 Kartons 94 Seiten 36 mal 31 Lehrer 40 m

Die Dichte von Gold ist 19,3, von Silber 10,5, von Zinn 7,3

Die internationale Umrechnung von 1 Barrel Rohöl sind 159 l

Das erworbene Areal Alteck 9 hat eine Gesamtgröße von 9 Ar.

Die am 11. d. M. bestellten 58,4 t Kies können wir liefern.

Diese 8 Tapetenrollen haben einen Sonderpreis von 18,99 DM.

In den letzten 2 Monaten wurden 1 192 Fahrzeuge zugelassen.

Die Arbeitslosigkeit stieg in dieser Region um 4,1 Prozent.

Die Firma Remington baute 1874 die ersten Schreibmaschinen.

Die ersten Schreibmaschinen kosteten in Amerika 250 Dollar.

Am 17. des vergangenen Monats sind Peter und ich umgezogen.

Der Dornier Superwal hatte 1933 ca. 10 000 kg Startgewicht.

In unserem Hause wurden 1990 exakt 2 200 l Heizöl benötigt.

Ab Dienstag bin ich unter der Rufnummer 7 46 91 erreichbar.

Den 5armigen Leuchter habe ich auf dem Flohmarkt erstanden.

Der Aufmerksamkeit des 12jährigen Paul war es zu verdanken.

Pia hatte die versprochenen Bogen im Format A3 mitgebracht.

---

[*] In diesen Satzübungen ist ganz besonderer Wert sowohl auf die richtige Gliederung der Zahlen als auch auf die richtige Schreibweise von Maß- und Gewichtseinheiten zu achten.

2.8 UE 8: Didaktische und methodische Überlegungen

> **Baustein:** Tastaturschulung Lektion 8.1 - 8.4
>
> **Thema:** - Einführung von y und **Mittestrich**
> - Einführung der Umlaute ä und ü so-
>   wie der Zeichen +, *, # und des
>   **Apostrophs**
>
> **Funktion:** Korrekte Anwendung des Mittestri-
>   ches und des Apostrophs sowie der
>   übrigen Zeichen

Die in der Praxis häufig auftauchende falsche Schreibweise - insbesondere bei der Verwendung des Mittestriches - führt zur allgemeinen Verunsicherung der Schüler. Oft bringen die Schüler dieses falsche Vorstellungsbild bereits als „Vorwissen" in in den Unterricht ein. Diesem Phänomen ist demzufolge bei der Erarbeitung besondere Aufmerksamkeit zu widmen. Wir empfehlen dazu das Buch „Regeln für Maschinenschreiben" (s. Literaturverzeichnis).

Sollte Ihnen für die Erarbeitung dieses Stoffes genügend Zeit zur Verfügung stehen, ist die Verwendung des Regelwerkes eines Dudens möglicherweise eine zusätzliche Motivation und Hilfe für die Schüler. Die Fülle an Prospektmaterial unterschiedlichster Art, die sich nicht zuletzt auch im Briefkasten eines Lehrers findet, kann - über einen kurzen Zeitraum gesammelt - als weiteres Indiz für die Verstöße gegen Duden und Norm dienen*.

---

* Auf die Einspielung des Übungstextes zur Verwendung des Mittestriches wurde aus den bereits in den Vorbemerkungen genannten Gründen bewußt verzichtet.

2.8.1   Einführung des Buchstabens y und des Mittestriches

LEKTION 8.1   (= L8_1.TXT)

Führungsgriffe

aya ö-ö aya ö-ö ay ö- ay ö- ya -ö ya -ö ayayaqyqa ö-ö-öp-pö

aya sys dya fya qya wya eya ṛya tya gya yfa yda ysa ytayray

ö-ö l-ö k-ö j-ö p-ö o-ö i-ö u-ö z-ö h-ö -jö -kö -lö -zö-uö-

Vorübungen zur Umschaltung

↓Y↑ ↓_↑ ↓Y↑ ↓_↑ ↓Y↑ ↓_↑ ↓Y↑ ↓_↑ ↓Y↑ ↓_↑ ↓Y↑ ↓_↑ ↓Y↑ ↓_↑ ↓Y↑

↓Y↑ö ↓_↑a ↓Y↑ö ↓_↑a ↓Y↑ö ↓_↑a ↓Y↑ö ↓_↑a ↓Y↑ö ↓_↑a ↓Y↑ö ↓_↑a

Übungswörter mit Umschaltung

Y, Yen, Yoga, York, Yeti, Yards, Yvonne, Yukatan, Yokohama,

Lyra Baby Asyl only Goya Lady Tory Typen Yaks Yoga Zypriot,

Curry Hymnen Dynamik Fayencen Gymnastik Hypothek Pyramiden,

Sybille Acryl Byzanz Dynastie Layout Libyen Myrrhenöl Myzel

Hygiene Symbole Babylon Hydraulik Sympathie Symmetrieachsen

Abyssus Calypso Papyrus Cyrenaika Lysistrata Cayennepfeffer

Erweiterte Wortliste

anonym Apokalypse bye-bye Dyck Essay Kybernetik Lymphknoten
Lyon Nationalhymne Nylonfaden okay Plymouth Polyp Pseudonym
Psyche Psychologe Pylone Pyromanie Pyrit Pyrmont Pythagoras
Python Rhythmus Rowdy royal typisch Tyrann Tyrus Wyclif Wyk
Xylophon Zyanid Zyankali Zyklopen Zylinder Zypern Zypressen

2.8.2   Regelwerk zum Mittestrich als fortlaufender Text

LEKTION 8.2   (= L8_2.TXT)

Der Mittestrich als Trennungstrich

Regel: *Am Ende einer jeden Zeile wird der Trennungsstrich wie alle anderen Satzzeichen behandelt. Wir wollen uns daher schnell noch einmal in Erinnerung rufen, daß Satzzeichen ohne Leerschritt unmittelbar an den zuletzt geschriebenen Buchstaben angeschlossen werden.*

Der Mittestrich als Bindestrich

Regel: *Der Bindestrich steht ohne Leerschritt zwischen den einzelnen Bestandteilen des zu schreibenden Begriffes:*

```
Max-Planck-Institut, Freiherr-vom-Stein-Straße, 200-m-Lauf.
```

Der Mittestrich als Ergänzungsbindestrich

Regel: *In diesem Fall ersetzt der Mittestrich einen Wortteil, der durch die Wiederholung eingespart werden kann:*

```
An- und Abfahrt, Nord- und Ostsee, Hoch- und Tiefbaufirmen.
```

Es geht aber auch umgekehrt

```
Die Gepäckannahme und -ausgabe, Kostenrechnung und -teilung
```

Der Mittestrich in Streckenangaben

Regel: *Bei Streckenangaben wird der Mittestrich generell durch einen Leerschritt davor und danach abgesetzt:*

```
Der Fahrplan wies die Route Köln - Frankfurt - Hamburg aus.

Richard kennt die Strecke Ulm - Bebra - Hamburg - Cuxhaven.
```

Der Mittestrich als Gedankenstrich

Regel: *Wir verfahren ebenso wie bei den Streckenangaben; auch hier werden die Mittestriche in gleicher Art und Weise hervorgehoben.*

```
Pia war schon in Frankfurt - der alten Kaiserstadt am Main.
```

Bei diesem Beispiel handelt es sich um eine Apposition

```
Peter sagte - ganz in Gedanken - die Einladung bei Rolf ab.
```

Übungstext

```
Die Beispiele, die wir soeben geschrieben haben, bieten uns    |   62
einen kleinen Eindruck, wie zahlreich die Möglichkeiten der    |  124
Verwendung dieses - wie ihn der Fachmann nennt - Mittestri-    |  187

ches sein können. Daher wollen wir bei der Gestaltung eines    |  249
Textes immer daran denken, daß das Schriftbild eines Compu-    |  312
ters oder einer Schreibmaschine jeden Verstoß gegen die Re-    |  375

geln deutlicher sichtbar macht, als dies bei einem von Hand    |  436
geschriebenen Text der Fall sein kann. Eine weitere Fehler-    |  500
quelle finden wir oft beim Schreiben von Zahlen in der Ver-    |  563

bindung mit Adjektiven. Durch die falschen Beispiele verun-    |  626
sichert, lassen wir uns trotzdem nicht irritieren. Wir wis-    |  687
sen inzwischen, daß Zahlen und Adjektive generell ohne Bin-    |  750

destrich geschrieben werden: 4seitig, 6eckig, 2fach, 3armig    |  811
gestalten wir so, wie hier in diesem Text. Wir können diese    |  873
Regel ganz einfach behalten, denn jede Zahl kann ja auch in    |  935

Buchstaben geschrieben werden. In diesem Fall schriebe aber    |  998
keiner von uns vier-seitig, sondern völlig korrekt viersei-    | 1058
tig, also in einem Wort. Es gibt daher keinen Grund, anders    | 1121
vorzugehen, falls Buchstaben durch Zahlen zu ersetzen sind.    | 1183
```

2.8.3   **Einführung der Umlaute ä und ü, sowie der Zeichen #, ', +, ***

LEKTION 8.3   **(= L8_3.TXT)**

Führungsgriffe

```
öäö ö#ö öäö ö#ö öäö ö#ö öäö ö#ä öäö ö#ö öäö ö#ä öäö ö#ä öäö

jäj käj läj öäj äöj älj äkj äjj uäj zäj mäj näj äji äjo äjp

jüj j+j jüj j+j jüj j+j jüj j+j jüj j+j jüj j+j jüj j+j jüj

jüj küj lüj öüj üöj ülj ükj üjj uüj züj müj nüj üji üjo üjp
```

Vorübungen zur Umschaltung

```
↓Ä↑ ↓Ü↑ ↓Ä↑ ↓Ü↑ ↓Ä↑ ↓Ü↑ ↓Ä↑ ↓Ü↑ ↓Ä↑ ↓Ü↑ ↓Ä↑ ↓Ü↑ ↓Ä↑ ↓Ü↑ ↓Ä↑

↓Ä↑a ↓Ü↑a ↓Ä↑a ↓Ü↑a ↓Ä↑a ↓Ü↑a ↓Ä↑a ↓Ü↑a ↓Ä↑a ↓Ü↑a ↓Ä↑a ↓Ü↑a

Bär Mär Späne Pläne Härte Cäsar Rätsel Gebälk Dächer Lämmer

Hüte Lüge Kür Küste Müll Bürste düster fügen prüfen Schüler
```

Übungswörter mit ä und ü im Wechsel

```
Ära Übel Äsop Übersee Ärmel Überfall Ärger Übergabe Äquator

jäh dünn Bräu Güte März Hüte Käse Kühe Nähe kühn Fähre Tüte

Täter müde Rächer Rüde Mädchen Türen Kätzchen Wüste Kämpfer

Kälber Kübel Äpfel Sünder Räuber Bücher schändlich mühelose
```

Schwierige Übungswörter mit ä und ü

```
Bäckerei Währungseinheit Zuverlässigkeit Änderungsvorschlag

Städtetag Häuserblocks Nähmaschinen Märchenbuch Eichelhäher

Eislaufkür Kühlwasser Stützpunkt Güteklasse Küstenmotorboot
```

Die „Neuen" in einem Wort

übersäen Bürgernähe Übeltäter Bücherschränke Prügelknäblein

Hüttenkäse Küchengläser Gewürzkräuter Küstenkähne Kümmelkäs

Übungen der Zeichen mit und ohne Ziffern

Dichter Johann Wolfgang von Goethe* 28.08.1749 + 22.03.1832

Unsere Artikel # 1712 und 1482 sind leider nicht lieferbar.

Tu's bitte sofort. Mach's aber ja richtig. Sonst ist's aus.

Fehlerfreie Satzübungen

Müßiggang ist aller Laster Anfang, spricht unser Volksmund. | 64
Die säulengestützte Vorhalle ist vom Einsturz sehr bedroht. | 127
Die neuen Frühjahrsmäntel sind noch am Montag eingetroffen. | 190

Die Winterkollektion 91 bringt mohärgefütterte Stoffmäntel. | 253
Die Änderungswünsche einiger Kunden erfordern Fachkenntnis. | 317
Die Überreichweite der Sender war für die Empfänger lästig. | 381

Die Wald- und Flurschäden des letzten Sturms sind gewaltig. | 445
Für nichts und wieder nichts fuhr er diese langen Strecken. | 507
Falls es Beatrice bei uns gefiel, sagt's doch bitte weiter. | 570

Dichter Johann Wolfgang von Goethe* 28.08.1749 + 22.03.1832 | 635
Unsere Artikel # 1712 und 1482 sind leider nicht lieferbar. | 697
Wenn's grad' so wär', stünd's doch recht schlecht um Jakob! | 764

2.8.4   Komparativtraining Nr. 6

LEKTION 8.4   (= L8_4.TXT)

(linke Hand)

away baby bayer carry daddy day derby easy essay freddy way

gaby gary satyre syrer teddy vestby vyra waygaard ways yard

yards yare yarra ybbs years yet yette yabe ystad gyra tyses

(rechte Hand)

```
jäh käppi kühl kühn kümo lämpl mühl müll püppi zäh lümm ülo
kümm mähn häkl mük- klä- hälm- hämo- hämi- hän- inlän- hül-
läu- jäm- jän- käl- mün- kämp- känn- zän- klün- klü- lähmun
läp- läß- müh- mäh- münz näm- plänk- kläß- uni-on zänk- zu-
```

(2 links - 2 rechts)

```
bräu brüh dränge gemüse gemüte genüge grün gründe yell ty-p
grüßer grüßte rallye schädel schärfung brühte typistin xylo
schürf sykose typisch valley xylose yankee ysop yvoire sym-
```

(2 rechts - 2 links)

```
ähre hüte jury jüte käse käte lüge lüstin märe migräne müde
onyx play züge zürs kübeln lütt zärt züqeln alte müse häfen
```

(Handwechsel nach jedem Anschlag)

```
yowl ärmel Äthyl bäche bär bäsle boy büchle bücke büro süd-
bücken bürzel büx ehrsüchtig enemy fächel füchsle lazy gäb-
für gütig hyksos kentucky langärmel myzel orly pfützen rüt-
pelym prärie prüf pyjama räche röcke rücke rückruf süd bür-
rücksicht säcke röckchen rüd tätig tüchtig tücke türke dür-
tätigkeit tür türkei ugly väro wärme wärmen würm würze där-
tät säckel york krücke yoyo yuan zyprian säckchen säen räti
krügle bäckchen präg- prägnant prätorian py-rit py-xis lym-
```

2.8.5   Besondere Schreibweisen in Verbindung mit den Ziffern

LEKTION 8.5   (= L8_5.TXT)

Zahlen werden generell mit Adjektiven verbunden

Diesen 5armigen Leuchter erstand Herbert bei einer Auktion.

Der 90seitige Bildband war meiner Schwester Sofia zu teuer.

Der 8jährige Olaf verletzte sich gestern bei einer Radtour.

Die 7köpfige Familie suchte in Triberg ein passendes Hotel.

Grundsätzlich bestehen 6seitige Pyramiden aus 7 Teilflächen

Der 8kantige Eßtisch erwies sich nachträglich als unbequem.

Abgekürzte Gewichts- und Maßeinheiten immer in Kleinschreibung

1,3 m lang, 3,5 cm breit, 2 mm stark, 12 t schwer, 0,21 kg,

4 l Milch, 1,7 hl Wein, 2 cl Cognac, 25 dl Bier, 7,5 ml Hg,

Wir staunten alle, als Paqual 48 Zentner Kartoffeln kaufte.

Poldi Maiers Eisenbahnanlage läuft mit einem 16-Volt-Trafo.

Währungen werden immer groß geschrieben

42 Dollar, 80 Rubel, 598000 Lire, 31 Franken, 936 DM, 5 Öre

100 Francs, 2 750 Peseten, 900 Kronen, 1 400 Gulden, 726 DM

Auf der Bank wechselte ich gestern 2 000 DM in Escudos ein.

Zeit- und Datumsangaben stets nach folgendem Muster

Der Zug nach Hamburg fuhr am 09.02. um 9.45 Uhr von Ulm ab.

Am 09. September 91 wird Mütterchen Elisabeth 68 Jahre alt.

2.9 UE 9: Didaktische und methodische Überlegungen

> **Baustein:** Tastaturschulung Lektion 9.1 und 9.3.3
>
> **Thema:** - Erarbeitung der Zeichen über den Zahlen und der römischen Ziffern
> - Erarbeitung diverser ASCII-Zeichen in Verbindung mit der französischen Schreibweise
>
> **Funktion:** - Aufhebung der Blockierung sämtlicher Steuerungs- u. Funktionstasten
> - Zuordnung der Taste <Alt>

Hinsichtlich der Zeichen über den Zahlen stehen neben dem Fingersatz die Schreib- und Anordnungsregeln im Vordergrund. Die Verwendung des rechten Tastenblocks stellt eine wesentliche Erweiterung des Fingersatzes dar.

Für die in diesen Lektionen anfallenden Übungsbeispiele wurde die für IBM- und kompatible meistens verwendete MF-102-Tastatur zugrunde gelegt.

Den Anspruch, auch die Zeichen über den Zahlen völlig blind zu schreiben, können wir aus vollem Herzen nicht mehr ganz vertreten. Aus rein fachdidaktischer Sicht wäre diese Forderung bestimmt über jeden Zweifel erhaben, doch wissen wir aus bitterer Erfahrung, daß die Praxis dem Grenzen setzt. Es wird bestimmt noch geraume Zeit dauern, bis wir Lehrenden von der gesicherten Annahme ausgehen können, ein jeder uns anvertraute Schüler verfüge auch zu Hause über denselben oder einen adäquat ausgestatteten Computer zur Sicherung und Festigung seiner häuslichen Übungen.

Vielmehr lehrt uns die Erfahrung, daß es innerhalb eines Klassenverbandes dem Standard entspricht, auf die gute alte - wenn auch mittlerweile elektrische oder gar elektronische - Schreibmaschine zurückzugreifen. Aller Erfahrung nach differieren die gängigen Tastaturen der Schreibmaschinen zu dem alphanumerischen Eingabefeld einer Computertastatur. Es macht aus pädagogischer Sicht wenig Sinn, in den

Schülern durch die Forderung des Blindschreibens dieser Zeichen einen Automationsprozeß in Gange zu setzen, der beispielsweise in den häuslichen Übungen durch die genannten unterschiedlichen Tastaturen nicht gefestigt werden kann. Hier sind ohne Zweifel Kompromisse zu schließen, wenn sie auch aus der Sicht des Lehrenden immer halbherzig sein werden.

Am Beispiel der römischen Ziffern ist der Hinweis für Schüler sicher ganz brauchbar, daß diese - im Gegensatz zu den arabischen Ziffern - keinen Stellenwert besitzen. Nach unserer Erfahrung sind auch die Fähigkeiten der Schüler, römische Jahreszahlen ganzheitlich zu erfassen und lesen zu können, sehr unterschiedlich.

Die Verwendung der ASCII-Zeichen, hier am Beispiel mit der französischen Schreibweise eingeführt, sollte vielleicht nur dann behandelt werden, wenn - wie in den Realschulen Baden-Württembergs - die Mehrzahl der Schüler einer Klasse tatsächlich auch in Französisch als zweiter Fremdsprache unterrichtet wird. Die Bewältigung der unterschiedlichen Schreibweisen ist für den der Sprache völlig Unkundigen kaum zu leisten.

**2.9.1   Erarbeitung der Zeichen über den Zahlen:
             %, $, Vor- und Nachklammer**

LEKTION 9.1   (= L9_1.TXT)

```
56 %, 2 % Skonto, 10 % Rabatt, 6,11 % Diskont, 8,3 % Gewinn

Der Einkaufspreis hierfür lag 46 % unter dem Verkaufspreis.

2prozentige Lösung, 4prozentiger Ausfall, 6prozentige Werte

eine 2%ige Lösung, ein 4%iger Ausfall, 6%ige Wertsteigerung

100 DM entsprachen lt. Kurs vom 01. November 1990 63,6943 $

Die 9 766 km lange Reise kostete jeden von uns nur 977,66 $

Marbach (Neckar), Prädikat (Satzaussage), Duden (Regelwerk)

Gold (Aurum), Silber (Argentum), Quecksilber (Hydrargyrum),

a) Substantive, b) Adjektive, c) Partizip, d) Komparationen

a) bezügliche Fürwörter, b) Fragefürwörter, c) Hilfsverben,
```

Kleiner Text mit Vor- und Nachklammer

```
Unsere Sprache kennt drei Hauptzeiten: Gegenwart (Präsens),     |  68
Vergangenheit (Präteritum) und die Zukunft (Futur). Bei der     | 137
Verwendung des Präsens dient dieses als Ausdrucksmittel ei-     | 200
nes gegenwärtigen oder augenblicklichen Geschehens. Es wird     | 262
außerdem als Ausdrucksmittel für allgemeingültige Feststel-     | 324
lungen verwendet. Darüber hinaus kann man sämtliche Phrasen     | 386
mit ihm abdecken. Das erzählende Präsens, beispielsweise in     | 448
Aufsätzen, soll den Geschehnissen die weitaus größere Span-     | 511
nung verleihen. Vielleicht wird der nächste Aufsatz besser.     | 573
```

**2.9.2   Erarbeitung der Zeichen über den Zahlen:
§, =, &, / und römische Ziffern**

LEKTION 9.2   (= L9_2.TXT)

```
HGB § 9, BGB § 6, StGB §§ 4 - 8, lt. §§ 6 u. 9 der Satzung.

1 Rubel = 100 Kopeken, 1 Franc - 100 Centimes, y - 2 x + 15

Werner & Müller, Wagner & Bodenstedt, Schnaither & Töchter,

1/2 kg, 7/10 hl, 2 3/4 Zentner, 9 1/4 m, 1/8 l, 1 1/2zeilig

1. Weltkrieg 1914/18, Am Tor 34/II, 80 km/h, Maier ./. Lutz

Die Firma Bodenstedt & Treuchtmann GmbH meldete Konkurs an.

Im Rechtsstreit Wanke ./. Paetzold erging heute das Urteil.
```

Römische Ziffern

```
I II III IV V VI VII VIII IX X XI XII XIII XIV XV XVI XVIII

XX XXIII XXX XL LX LXX XC CX CC CCL CCXC CD D DC DCCC CM MM

CCCXXXIII MCCIC MDXXXIV MDCCLXXXIX MDCCCLXX MDCXLVII MCMXCI

Bonifatius gründete das Kloster zu Fulda Anno Domini DCCXLV

Gregor VIII., Cölestin III., Innozenz VIII., Benedikt XII.,

Papst Leo X., Papst Bonifatius III., Papst Johannes XXIII.,
```

2.9.3   Erarbeitung der Zeichen über den Zahlen: ", ?, !, rechte Akzent-Taste, ° und ^

LEKTION 9.3   (= L9_3.TXT)

```
F. Schiller: "Niemand ist frei, der seiner Ketten spottet."

"Niemand ist frei, der seiner Ketten spottet", so sagte er.

"Niemand ist frei", sprach er, "der seiner Ketten spottet."

Udo: "Goethes 'Faust' paßt nicht in Schillers 'Handschuh'."

Kann der Fernsehapparat bis zum 15. d. M. geliefert werden?

Wer sollte Patrick an seiner Weltreise wohl hindern können?

Beachtet doch bei der Texteingabe stets die Cursorposition!

Deinen Wunsch konnte Opa bedauerlicherweise nicht erfüllen!

Quadrate und Rechtecke haben vier rechte Winkel von je 90°.

10° Celsius entsprechen 50° Fahrenheit oder 283,15° Kalvin.

114,3^2 =, 5,18^3 =, 7,33^4 =, 9,61^5 =, 11,9^6 =, 3,3^7 =,
```

Darf es ein wenig Französisch sein?

```
un anniversaire - ein Geburtstag, un cadeau - ein Geschenk,

qu'est-ce que c'est - was ist das? d'accord - einverstanden

la salle de séjour - das Wohnzimmer, présenter - vorstellen

réparer - reparieren, écouter - zuhören, écrire - schreiben

un petit déjeuner - ein Frühstück, jouer aux dés - würfeln,

très bien - sehr gut, là - da! où - wo? près de - nahe bei,

derrière - hinten, le deuxième - der zweite, un problème -?

un élève - ein Schüler, déjà - schon, répète - noch einmal!

les théorème - die Lehrsätze, le télésiège - die Sesselbahn
```

**2.9.3.1   Erarbeitung diverser ASCII-Zeichen
             in Verbindung mit französischer Schreibweise**

LEKTION 9.3.1   (= L9_3.1.TXT)

Taste <Alt>-<131> = â

la pâte - der Teig, le château - das Schloß, lâche - locker

Taste <Alt>-<147> = ô

l'hôtel - das Hotel, la côte - die Küste, aussitôt - sobald

Taste <Alt>-<150> = û

coûter - kosten, bien sûr - sicher, le goût - der Geschmack

Taste <Alt>-<136> = ê

être - sein, la forêt - der Wald, la fenêtre - das Fenster,

Taste <Alt>-<140> = î

île - Insel, le dîner - Abendessen, s'il vous plaît - bitte

Taste <Alt>-<139> = ï

la faïence - Porzellan, laïque - Laie, le païen - der Heide

Taste <Alt>-<137> = ë

à Noël - zu Weihnachten, Moët et Chandon - Champagnermarke,

Taste <Alt>-<135> = ç

le garçon - der Junge, ça va? - wie geht's? leçon - Lektion

2.9.3.2   Einfacher französischer Text

LEKTION 9.3.2   (= L9_3.2.TXT)

<u>Un jour de pluie</u>

```
Nous sommes au printemps, la plus belle saison de l'année.
Mais aujourd'hui il ne fait pas beau, parce qu'il pleut
presque toute la journée. Le ciel n'est ni clair ni bleu,
et le soleil ne brille pas. Nous ne pouvons pas faire de
promenades, nous ne quittons pas la maison. Les prés et
les champs sont humides. Les oiseaux ne chantent pas, et
on n'entend pas le bourdonnement des abeilles. Les papil-
lons ne voltigent pas. Les paysans et les paysannes ne
vont pas aux champs, car il n'est pas possible de travail-
ler aujourd'hui aux champs. Les enfants ne jouent pas dans
l'herbe, ils ne chantent pas leurs chansons et ne cueil-
lent pas de fleurs. Ils doivent rester à la maison, où ils
jouent et font leurs devoirs. C'est un mauvais temps, mais
nous espérons, qu'il ne va pas durer longtemps.
```

2.9.3.3   Französische Anekdote mit wörtlicher Rede

LEKTION 9.3.3   (= L9_3.3.TXT)

<u>Au restaurant</u>

```
Deux commis-voyageurs, Monsieur Durant et Monsieur Dupont,
entrent dans un restaurant. Ils appelent le garçon et com-
mandent deux biftecks. Le garçon met sur la table les bif-
tecks demandés, mais l'un est beaucoup plus grand que
l'autre. Durant pense: "Celui qui se servira d'abord,
prendra, par politesse, le plus petit et laissera le plus
grand sur le plat." Il dit donc à son collègue: "Servez-
vous le premier, s'il vous plaît, Monsieur Dupont!" -
"Non", dit Dupont, "à vous l'honneur." - "Je me servirai
après vous", répond Durant en regardant le grand bifteck.
Alors Dupont obéit, mais il prend le plus gros morceau.
Durant regrette maintenant d'avoir passé le plat à l'aut-
re, et il dit: "Pourquoi m'avez-vous laissé le plus petit
morceau?" - "Quel morceau", demande Dupont, "auriez-vous
pris, si vous aviez choisi vous-même?" "J'aurais pris le
plus petit des biftecks." - "Alors pourquoi vous plaig-
nez-vous donc?" dit Monsieur Dupont, "car c'est celui-là
que vous avez maintenant."
```

2.9.3.4   Englische Anekdoten mit wörtlicher Rede

LEKTION 9.3.4   (= L9_3.4.TXT)

Hopeless

Two strangers were sitting over a glass of beer in a London pub. One of them looked bored and unhappy. "Life is dull, and everything in the world bores me," he said. "How can you say such a thing?" said the other. "Life is wonderful, and the world is an exciting place. Just take Italy! It's a delightful country. Have you ever been there?" "Oh yes, I've been to Italy. I was there last year. I didn't like it." "Then go to Norway and see the midnight sun. Have you ever tried that?" "Yes, I've been to Norway, too, and I've seen the midnight sun. That was in 1988, and I didn't enjoy it." "One of my friends has just returned from a safari in Africa. He liked it very much. Why don't you go on a safari? Im sure you'll love it." "I've been to Africa, too", the sad man answered. "I was there six months ago. I also went on a safari, but I found it very boring." "Have you ever tried a hobby?" asked his companion. "I've tried many hobbies in my life", was the answer. "Some years ago it was stamp collecting, then it was sailing, and a few weeks ago it was sky-diving. I gave them all up. They bored me to tears." "I can see now", said the other man, "that you must be very ill. Only the best psychiatrist can help you. Go and see Dr Greenberg in Harley Street." "I am Dr Greenberg", was the sad man's answer.

The hearing-aid

A rich old man was getting very upset, because his hearing was getting worse and worse. He had great difficulty in understanding his wife, his children, his grandchildren and his neigbours.

One day he went to town and bought a very modern hearing-aid. It was a very small, but powerful new model. Two weeks later he returned to the shop and told the shop owner that he could understand every conversation very easily now, even when people were talking in the next room. "Your family must be very happy that you can hear so well again", the shop keeper said. But the old man laughed and said: "Oh, I have not told them yet. But I can hear everything they say. And I have changed my will twice already."

2.9.3.5   **Erarbeitung der restlichen Zeichen**
unter Verwendung der < Alt Gr > -Taste

LEKTION 9.3.5   **(= L9_3_5.TXT)**

Verwendung der < Alt Gr > -Taste

```
Das Zeichen ⁿ bedeutet bei einer Zahl eine beliebige Potenz
3,5², 9,8 mm², 22 cm², 76,89 m², 122 m², 75 km² 356.647 km²
Die Fläche unseres Wohnraumes wurde mit 42,92 m² angegeben.
@abs, @acos, @beep, @business, @count, @datetime, @diffdate
Mit | können wir mehrere DOS-Befehle miteinander verketten.
Actinium [227], Americium [243], Curium [247] Fermium [257]
[1,2 - 2] - (- 3) =, 1,2 - [2 - (- 3)] =, [18 + (- 4)] :2 =
Bankrott (vom ital. banca rotta [zusammengebrochene Bank]).
{In}, {Out}, {Esc}, {Tab}, {Alt}, {Ins}, {End}, {Backspace}
Aus der Mengenlehre stammt dieses Zeichen \ und heißt ohne.
Auf der DOS-Ebene wird das Zeichen \ als Backslash benannt.
Das Zeichen ~ bedeutet in der Mathematik immer proportional
µ heißt Mikro und ist die physikalische Abkürzung für 10⁻⁶.
@and(L2="x",@or(LH="x",RH="x",[2L2R]="x",[2R2L]="x",HW="x")
```

2.10   UE 10: Didaktische und methodische Überlegungen

Baustein:	Tastaturschulung Lektion 10.1 - 10.3
Thema:	Einführung in den Bereich der computerspezifischen Steuerungs- und Funktionstasten
Funktion:	Sicherheit in der Anwendung dieser Tasten unter Beibehaltung des tastaturorientierten Fingersatzes

Was die Lektion 10.1 anbetrifft, ist es sicher hilfreich, diese Datei gesondert zu photokopieren und sie als Tischvorlage in die Hand der Schüler zu geben. Dennoch wird man sich wahrscheinlich über mangelnde Rückfragen nicht zu beklagen haben. In diesem Zusammenhang verweisen wir noch einmal auf die Aussage in der Einleitung und in Kapitel 1, wonach wir uns auf diejenigen Funktionsteile von FRAMEWORK III beschränken, die in unmittelbarem Zusammenhang mit dem zu erarbeitenden Stoff stehen.

In der Lektion 10.2 folgen Sätze, die orthographische Fehler enthalten. Wir sind uns aus pädagogischer und methodischer Sicht durchaus der Problematik solcher Darstellungsweisen bewußt. Unser Anliegen in dieser Lektion ist jedoch ausschließlich das Trainieren kombinierter Korrekturmöglichkeiten unter Zuhilfenahme der nachfolgend dargestellten Tabellen (Tab. 10.1 und Tab. 10.4).

Ferner enthält die Lektion 10.2 einen Text, der klassische Schreibfehler beinhaltet, wie sie bei der Eingabe über eine Tastatur häufig auftreten. Wir halten es für geboten, die Kollegen besonders darauf hinzuweisen, daß ein wesentlicher Unterschied zwischen diesen beiden Fehlertexten besteht. Während der erste Text auf mangelhaften orthographischen Kenntnissen basiert, unterlaufen die im zweiten Text enthaltenen Eingabefehler auch denjenigen, die völlig sicher im Umgang mit der Orthographie sind. Ein wesentliches Unterscheidungsmerkmal ist die Tatsache, daß Schüler ab dem Zeitpunkt der Heranführung an die korrekte Bedienung einer

Tastatur, Wörter *synthetisierend* eingeben müssen. Neueren linguistischen Erkenntnissen zufolge[*] erstreckt sich die Bedeutung eines Wortes über drei Dimensionen: Zum einen ist es die lexikalische Bedeutung, zum zweiten die Lautfolge und zum dritten werden häufig gebrauchte Wörter in einem orthographischen Lexikon im Langzeitgedächtnis unseres Gehirns gespeichert.

Wenn Schüler mit der Hand schreiben, hat dies zur Folge, daß beispielsweise das Wort „Meister" *ganzheitlich analytisch* erfaßt und auch geschrieben wird. Bei der Eingabe über eine Tastatur hingegen, muß „Meister" entsprechend der *Phonem-Graphem-Korrespondenzregeln* synthetisierend geschrieben werden:

$$/m/ \rightarrow <m>, /ai/ \rightarrow <ei>, /s/ \rightarrow <s>, /t/ \rightarrow <t> \quad /e/ \rightarrow e \quad /r/ \rightarrow <r>.$$

Daraus resultieren eine Vielzahl typischer Fehler bei der Texteingabe, deren Behandlung permanenter Unterrichtsinhalt sein muß.

Das Gedicht in Lektion 10.3 ist Arbeitsvorlage und Kontrollblatt zugleich. Die Aufgabe der Schüler besteht dain, unter Verwendung der Cursortasten, des mittleren Tastenblocks und der <F6>- bis <F8>-Tasten alle erforderlichen Korrektur- und Löschmaßnahmen durchzuführen. Darüber hinaus sind Satzteile bzw. Sätze zu verlagern und zu kopieren. Hierzu sind neben den computerspezifischen Tasten vor allem auch die Tabellen 10.1 bis 10.4 zu benutzen.

Die auf der rechten Seitenhälfte befindlichen Informationen dienen einerseits als Orientierungshilfe, sie sollen andererseits aber auch vor allzu forschem Schaffenseifer warnen.

---

[*] Augst, Gerhard (1989): Rechtschreibung und Rechtschreibunterricht - Aufbruch zu neuen Ufern oder alter Wein in neuen Schläuchen? - In: Deutschunterricht 41. Jg., H. 6, S. 5 - 13.
  ders. (1989): Schriftwortschatz - Untersuchungen und Wortlisten zum orthographischen Lexikon bei Schülern und Erwachsenen. - Frankfurt/Main: Peter Lang.

2.10.1 Tastaturbelegung
und Zuordnung des Fingersatzes innerhalb von FRAMEWORK

LEKTION 10.1

Tasten	Funktion	Fingersatz
< ▲ >	Eine **Zeile höher**	**Mittelfinger** der rechten Hand greift **nach oben**
< ▼ >	Eine **Zeile tiefer**	**Mittelfinger** der rechten Hand greift **nach unten**
< ◄ >	Ein **Zeichen nach links**	**Zeigefinger** der rechten Hand greift **nach links**
< ► >	Ein **Zeichen nach rechts**	**Ringfinger** der rechten Hand greift **nach rechts**

Tab. 2.1:   Cursortasten mit Fingersatz in Textframes

Tasten	Funktion	Fingersatz
<Pos 1>	**Zeilenanfang**	**Mittelfinger** der rechten Hand greift **nach oben**
<Ende>	**Zeilenende**	**Mittelfinger** der rechten Hand greift **nach unten**
<Bild-↑>	Zum **Bildschirmanfang**, dann bildschirmweise nach **oben** blättern	**Ringfinger** der rechten Hand greift **nach oben**, während der Mittelfinger leicht die <Ende>-Taste touchiert
<Bild-↓>	Zum **Bildschirmende**, dann bildschirmweise nach **unten** blättern	**Ringfinger** der rechten Hand greift **nach unten**[*]
<Einfg>	„**Herabrollen**" der zuletzt ausgewählten Menüoption	**Zeigefinger** der rechten Hand greift **nach oben**[*]
<Entf>	**Löschen** an aktueller Cursorposition	**Zeigefinger** der rechten Hand greift **nach unten**[*]

[*] unter Beibehaltung des oben beschriebenen Fingersatzes

Tab. 2.2:   Mittlerer Tastenblock mit Fingersatz

Tasten	Funktion	Fingersatz
<Strg-▲>	**Markiert** den **Satz links** von der aktuellen Cursorposition	**Kleiner Finger** der linken Hand **und Mittelfinger** der rechten Hand[*]
<Strg-▼>	**Markiert** den **Satz rechts** von der aktuellen Cursorposition	**Kleiner Finger** der linken Hand **und Mittelfinger** der rechten Hand[*]
<Strg-◄>	**Unterlegt ein Wort links** von der aktuellen Cursorposition	**Kleiner Finger** der linken Hand **und Zeigefinger** der rechten Hand[*]
<Strg-►>	**Unterlegt ein Wort rechts** von der aktuellen Cursorposition	**Kleiner Finger** der linken Hand **und Ringfinger** der rechten Hand[*]
<Strg-Pos 1>	**Cursor** springt zum **Textanfang**	**Kleiner Finger** der linken Hand **und Mittelfinger** der rechten Hand[*]
<Strg-Ende>	**Cursor** springt zum **Textende**	**Kleiner Finger** der linken Hand **und Mittelfinger** der rechten Hand[*]
<Strg-Bild-↑>	**Cursor** bewegt sich einen **Absatz nach oben**	**Kleiner Finger** der linken Hand **und Ringfinger** der rechten Hand[*]
<Strg-Bild-↓>	**Cursor** bewegt sich einen **Absatz nach unten**	**Kleiner Finger** der linken Hand **und Ringfinger** der rechten Hand[*]

[*]   nach beschriebenem Fingersatz

Tab. 2.3:   Kombinierte Steuerungstasten mit Fingersatz

Für die Bedienung dieser Tasten empfehlen wir, daß sich die jeweils geforderte Hand vom eigentlichen Tastaturfeld löst. Die Schüler erzeugen auf Anweisung mit der Tastenfolge <Strg-N>F einen neuen Textframe.

Bei der Bedienung der Funktionstasten (<F-Tasten>) muß das Auge geschult werden, die Anweisungen des Programms in der Nachrichtenzeile zu beachten. Unter Umständen ist es auch sinnvoll, die einzelnen Bedienungsvorgänge, bzw. -schritte vom Schüler verbalisieren zu lassen. Ihm wird dabei seine Vorgehensweise bewußter, gleichzeitig kann dadurch auch eine Kontrolle durch den Lehrer stattfinden, da alle Schüler die gleichen Tasten bedienen.

Tasten	Funktion	Fingersatz
<Esc>	**Ausstieg** aus aktueller Arbeitsposition, beim Textverarbeitungsmodul innerhalb von FRAMEWORK nicht immer von Bedeutung	**Kleiner Finger** der linken Hand
<F1>	**Hilfe-Funktion** (kontextabhängig)	**Kleiner Finger** der linken Hand (abgespreizt, Grundposition auf <F2>)
<F2>	**Formel:** Beim Textverarbeitungsmodul von FRAMEWORK ohne Funktion	**Kleiner Finger** der linken Hand (Grundposition)
<F3>	**Position:** Ist der Rahmen eines Frames hell hinterleuchtet, kann mit den Cursortasten seine Position auf dem Bildschirm verändert werden	**Ringfinger** der linken Hand (Grundposition)
<Alt-F3>	**Datum:** Schreibt an Cursorposition das aktuelle Datum	**Kleiner Finger** der linken Hand und abgespreizter Zeigefinger der rechten Hand

Tasten	Funktion	Fingersatz
<F4>	**Größe:** Ist der Rahmen eines Frames hell hinterleuchtet, kann mit den Cursortasten seine Größe auf dem Bildschirm verändert werden	**Mittelfinger** der linken Hand (Grundposition)
<F5>	**Neuberechnung:** Beim Textverarbeitungsmodul von FRAMEWORK ohne Funktion	**Zeigefinger** der linken Hand (Grundposition)
<Alt-F5>	**Speicherbelegung:** Meldet die Größe des verfügbaren Arbeitsspeichers in Bytes	**Kleiner Finger** der linken Hand und Zeigefinger der rechten Hand (Übergreifen der rechten Hand zur linken Tastaturseite)
<F6>	**Auswahl:** Markiert mit den Cursor- oder Bild↑-/Bild↓-Tasten beliebige Textpassagen zur weiteren Bearbeitung	**Zeigefinger** der linken Hand (Innenspreizgriff)
<Shift-F6>	**Synonymwörterbuch:** Stellt Synonyme zur Auswahl - zu einem vom Cursor als aktuell markierten Wort	**Kleiner Finger** der rechten Hand und Zeigefinger der linken Hand (Innenspreizgriff)
<F7>	**Verlagern:** Verlagert den zuvor mit <F6> ausgewählten und hell hinterlegten Bereich an die aktuelle Cursorposition	**Zeigefinger** der rechten Hand (Innenspreizgriff)

Tasten	Funktion	Fingersatz
<Shift-F7>	**Kopieren in Zwischenspeicher:** Kopiert den zuvor mit <F6> ausgewählten und hell hinterlegten Bereich in den Zwischenspeicher	**Kleiner Finger** der linken Hand und Zeigefinger der rechten Hand (Innenspreizgriff)
<F8>	**Kopieren:** Kopiert den zuvor mit <F6> ausgewählten und hell hinterlegten Bereich an die aktuelle Cursorposition	**Zeigefinger** der rechten Hand (Grundposition)
<Shift-F8>	**Kopieren aus Zwischenspeicher:** Kopiert den zuvor mit <F6> ausgewählten und hell hinterlegten Bereich aus dem Zwischenspeicher	**Kleiner Finger** der linken Hand und Zeigefinger der rechten Hand (Grundposition)
<F9>	**Zoom:** Zieht den Frame auf Bildschirmgröße auf	**Mittelfinger** der rechten Hand (Grundposition)
<F10>	**Sicht:** Bei Textframes ohne Belang, ansonsonsten Wechsel zwischen verschiedenen Darstellungsarten	**Ringfinger** der rechten Hand (Grundposition)
<F11>	**Hinaus:** Verlassen des aktuellen Frames, Hinterleuchtung des Frame-Rahmens	**Kleiner Finger** der rechten Hand (Grundposition)
<F12>	**Hinein:** Vom Rahmen des Frames in den aktuellen Frame hineingehen.	**Kleiner Finger** der rechten Hand (Außenspreizgriff)
<Druck>	**Ausdruck:** Ausdruck eines Textbildschirms, innerhalb der Textverarbeitung von FRAMEWORK nicht empfehlenswert	**Zeigefinger** der rechten Hand*

Tasten	Funktion	Fingersatz
<Rollen>	**Wechsel:** Wechselt den Cursor zwischen dem Laufwerksstapel (auf dem Bildschirm oben rechts) und dem Dokumentenstapel (auf dem Bildschirm unten rechts)	**Mittelfinger** der rechten Hand[*]
<Pause>	**Pause:** Beim Textverarbeitungsmodul von FRAMEWORK ohne Funktion	**Ringfinger** der rechten Hand[*]

[*]   Fingersatz des mittleren Tastenblocks (s. Tab. 10.2)

Tab. 2.4:   Funktionstasten mit Fingersatz

2.10.2   Aufhebung der Sperren für den mittleren Tastaturblock

LEKTION 10.2   (= L10_1.TXT)

Bitte Text mit unsichtbaren Zeichen unterlegen: <Strg-E>J (= Ja unsichtbare Zeichen)

Ich bin sicher, daß ihr die Fehler findet[*] und die Sätze richtig darunter schreiben könnt!

```
1. Eine Lärche flog über eine Lerche.
1.

2. Auf der Straße sah Mann keinen man meer.
2.

3. Die heute sind Häute noch nicht gegärbt.
3.

4. Die arme Weise sank eine traurige Waise.
4.

5. In unserem Torf verbrennt man fiel Dorf.
5.

6. Wir backen das Pakwerg in das Packet.
6.

7. Die fielen Blüten vielen in das Gras.
7.

8. Ich weis, das daß Wort schwer ist.
8.

9. Der Hund bis biß zum Knochen durch.
9.
```

Im nachfolgenden Text handelt es sich um die beschriebenen klassischen Schreibfehler, wie sie bei der Texteingabe - in besonderer Häufigkeit am Computer -

---

[*] Wir sind uns bewußt, daß Fehlervorlagen didaktisch-methodisch sehr fragwürdig sind. Da es hier ausschließlich um das Einüben der Funktionen des Textverarbeitungsmoduls von FRAMEWORK III - wie Kopieren und Verlagern - geht, scheint uns diese Vorgehensweise vertretbar.

immer wieder vorkommen. Wir fanden den nachfolgenden Text - wie dargestellt - in der Rubrik „Stellenangebote" einer ausländischen deutschsprachigen Tageszeitung:

```
"Lassen Sie sich von der Beziechnung 'Schreibkraft' nicht
abhalten. Unsere Firma hat ständig Bedrf an neuen Maschi-
nenschrieberinnen, denn sobadl Sie Ihr Interesse und Ihre
Fähikeiten beweisen haben, können Sie mit Befödrung rech-
nen.
Während der Mittagspause steht es Ihnen frei, Tischtennis
zu speilen, beim Dartspiel der Kolegen mitzumachen odr
einfach die Biene auf den Tisch zu legen."
```

2.10.3   Textvorlage mit kombinierten Korrekturmöglichkeiten
Verwendung der Tabellen 10.1 - 10.4

LEKTION 10.3   (= L10_2.TXT)

```
Seht da, ein Lämpel              (Verse frei nach Wilhelm Busch)

   Ach, was muss man oft von bösen          muß
   Kindern hören oder lesen!
   Ein jeder kennt von uooh, dem Typ,       Busch
 5 die Knaben, die er hier beschrieb.
   Doch über Lehrer, wie sie's treiben,
   wagte noch kein zu schreiben!            Mensch
   Freilich, Busch beschrieb den Lämpel,
   dacht', der wäre wäre ein Exempel        Wort doppelt
10 für die ganze Lehrerschar.
   Denkste Busch, das ist nicht wahr!
   Wer von Euch - und Ihr seid veile -      viele
   sitzt denn noch vor'm Orgelspiele?
   Was des Sonntags Ihr so treibt,
15 manchmal doch zum Himmel schreit!
   BBierchen trinken, Weinchen schlotzen,   Bierchen
   stundenlang TV beglotzen;
   und Ehren, wem sie auch Gebühren,        gebühren
   Familie kurz mal Gassi führen,
20 damit der Nachbar auch erblickt,
   was für Bamte sich so schickt!           Beamte
   Ihr glaubt mir nicht? Wir werden sehn:
   Laßt uns in meine gehn                   Schule
   und nehmt dort Euch zum Exempel,
25 das Abbild von 'nem heut'gen Lämpel:
```

Text	Korrektur
Die Glocke tönt, halb acht vorbei,	
die mit Schülerschaft viel Geschrei	Schülerschaft mit
drängt in die Klassenzimmer rein.	
Der heut'ge Lämpel denkt: Na fein!	
30 Ich sperr' von außen zu die Tür	die Tür von außen [zu
und hab dann erst mal meine Ruh!	
Dann lenkt er eilig seinen Schritt;	
2, 3, 4 Lämpels eilen mit	zwei, drei, vier
ins Lehrerzimmer flugs hinein;	
35 sie wollen heut' die ersten sein.	
Die Vize-Lämpel steht bereit,	
ein weißes ziert ihr Kleid;	Schürzchen
und sie hat - das war wohlbedacht -	
den Kaffee auf halb acht gemacht!	
40 Man reckt reihum die müden Glieder	
und läßt zum Frühstück sich dann nieder.	
Ein Täßchen hier, ein Häppchen dort.	
Saht Ihr die Lämpels je vor Ort	
Saht Ihr die Lämpels je vor Ort	Zeile doppelt
45 so fleißig an ihr Tagwerk gehn?	
Ich hab sie so noch nie gesehn!	
Das mit dem Frühstück ist beschrieben.	
Es zieht sich hin so nach Belieben.	
Zur großen Pause lost man aus:	
50 Ein Lämpel läßt die Kinder raus!	
Die stehen brav in frischer Luft,	
derweil der Lämpel rasch verduft'	
zum Oberlämpel, der schon rief	
ins Rektorat zum Apéritif.	
55 Ein Schlückchen hier - ein Gläschen dort!	
	Zeile 43 kopieren
so flüssig an ihr Tagwerk gehn?	
Ich hab sie so noch nie gesehn!	
Der Tag hat's in sich, welch Geschick!	
60 Gleich nach dem Abendessen Mathematik!	Frühstück
Die Lämpel weiß mit sehr viel Gesten,	
was für die Schüler nun zum Besten:	
Schlagt Euch auf, Seite vier bis acht!	Schlagt's Buch
So hat's Pythagoras gemacht!	
65 Schreibt's ab und lernt es mir recht fromm,	
bis daß nachher ich wiederkomm'!	
Bewaffnet mit dem Zeitungswesen,	
sieht man die Lämpel alsbald alsbald lesen.	Wort doppelt!
Manch and'rer Lämpel sitzt auch dort.	
70 Saht Ihr die Lämpels je vor Ort	
so emsig an die Bildung gehn?	
Ich hab sie so noch nie gesehn!	

in Lämpel stets mit Akribie
vermittelt gern Geographie.
75 Erkenntnis für die heut'ge Stund':
ein Globus, der ist meistens eckig!   rund
Nach solcher Geistestätigkeit
wird's für ein Päuschen höchste Zeit!
das Mitgebrachte eilig aus: Zeile 80 mit
80 Er packt - mit Freude auf den Schmaus -   Zeile 79 tauschen
Kohlsuppe aus Rheinland-Pfalz,
Bier aus Bayern - Streibl erhalt's,
ein Häufchen grünen Feldsalat -
zur Abwechslung auch mal Spinat -
85 doch herrlich grün, das muß er sein!
Rote Beete, rund und fein
und gelbe Bohnen, ausreift,   ausgereift
damit der Kohl nicht gar so kneift,
genießt er als Komplettgericht!
90 Nur barune Soßen mag er nicht!   braune
Zerstören den Genuß sofort!
Saht Ihr die Lämpels je vor Ort
Saht Ihr die Lämpels je vor Ort   Beachtet Zeile
so klug mit Politik umgehn?   [112
95
Ich hab sie so noch nie gesehn!

Die Woche sich dem Ende neigt,
in Lämpel eine Bio zeigt,   in Bio eine
was von 'nem Mensch noch übrig ist,   [Lämpel
100 wenn er präsent - so als Gerüst.
Die Lämpel klärt dann ganz souvrän:
Bübchen, Mägdlein, ihr könnt sehn,
das an dem Gerüst   Wichtigste
doch zweifelsfrei das Rückgrad ist.
105 Wir kreuchten sonst auf allen Vieren
mit all den wirbellosen Tieren!
Darum ihr Kinder merket auf,
der Herrgott legte Wert darauf,
der Schöpfung Krone stolz stolz zu zu sehn;   Wörter doppelt
110 drum soll der Mensch auch gerade gehn!
Krümmt euren Buckel nicht hinfort!
                                              Zeile 93
so aufrecht an Ihr Tagwerk gehn?   [verlagern

Ich hab' gar manchen schon gesehn!

115 Bei der Betrachtung fällt mir ein:
so'n Lämpel ist gar oft allein.
Er hat es schwer in seinem Leben,
wenn andre sich erstreben,   beugend
was aufrecht selten funktioniert.
120 Ob hier die Obrigkeit nicht irrt?

Betrachtet mich, hab's lang bereut,
daß ich zu oft, zu tief gebeugt
vor jenen Obrigkeiten stand.
Und der Beweis liegt auf der Hand:
125 Erreichte auch nicht, was ich wollte;
an End' mir niemand Ehren zollte.
Drum kommt vom alten Lehrer Lämpel   nehmt
dies eine vielleicht zum Exempel:
Von Menschen, die stets aufrecht sind,
130 lernt gehen erst ein jedes Kind!
Der Herrgot gab Euch die Statur,
handelt nicht wider die Natur!
Ich weiß es wohl, der Volksmund spricht,
das Baum biegt, der Baum sich nicht!   Bäumchen
135 Doch was des Volkes Mund verschweigt,
wovor das Bäumchen sich verneigt!
Drum mein ich, prüfet mit Bedacht,
vor wem Ihr die Verbeugung macht,
auch wenn man mit Sanktionen droht.
140 Ein Blick im Spiegel Euch belohnt.
Ich denk' mir schlicht, in dieser Welt,
wär' alles auf das Best' bestellt,
gäb's viele mit 'nem graden   Rücken
und keinen, der sich tief muß bücken!
145 Das wünscht Euch, und ich troll mich schon,
der alte Lämpel, Buschen's Sohn!

(Sigrid Mandel)

2.11 FRAMEWORK-Programme NEU.FW3 und KORREKTU.FW3

Baustein: Programme
NEU.FW3 und
KORREKTU.FW3

Thema: Einführung in den Funktionsumfang
der genannten Programme

Funktion: Blockierung der computerspezifischen
Tasten, Menüsteuerung im Rahmen
der Tastaturschulung, Korrekturmög-
lichkeit

2.11.1 Programm „NEU.FW3"

Ein Anfänger, der bemüht ist, mittels eines Computers das normgerechte Schreiben gemäß der 10 Finger-Tastmethode zu erlernen, hat gegenüber einem Schüler, der das Maschinenschreiben auf die „klassische" Art mit einer Schreibmaschine lernt, einen großen Nachteil bzw. eine nicht zu unterschätzende Erschwerung seiner Lernsituation: Zusätzlich zum eigentlichen Schreiblehrgang muß er sich mit der Bedienungsoberfläche des jeweiligen Textverarbeitungsprogramms vertraut machen und demzufolge sich zusätzlich eine Vielzahl von Strukturelementen und davon abhängigen Tastenfolgen einprägen. Dies führt zumindest in den ersten Lektionen der Tastaturschulung zu einer methodisch nicht sinnvoll erachteten Aufsplitterung des Unterrichtsgeschehens, wo unseres Erachtens die Konzentration und Beschränkung auf die grundlegenden Elemente der 10-Finger-Tastmethode unabdingbare Voraussetzung für einen insgesamt erfolgreichen Unterricht ist.

Um dieses Problem in den Griff zu bekommen, haben wir ein Programm mit Namen „NEU.FW3" geschrieben und auf der zum Buch gehörenden Begleitdiskette zur Verfügung gestellt. Ein Kennzeichen von FRAMEWORK ist die implementierte Makro-Sprache FRamework EDitor (FRED), die für „NEU.FW3" verwendet wurde. Den Funktionsumfang von „NEU.FW3" wollen wir an einem, bezo-

gen auf die reale Unterrichtswirklichkeit natürlich stark reduzierten, Anwendungsbeispiel demonstrieren. Stellen wir uns eine imaginäre Kollegin vor, nennen wir
sie Frau Müller:

1.   Frau Müller ist dabei, ihren Unterricht vorzubereiten. Lektion 2.1, Einfüh-
     rung von „r" und „u" in Verbindung mit den Ziffern „5" und „8", soll wie-
     derholt werden.

2.   Sie startet FRAMEWORK, lädt „T2_1.TXT" und hat folgendes Bild auf ih-
     rem Monitor:

Abb. 2.1:   LEKTION 2.1 von Begleitdiskette

Da sie lediglich die Wiederholung benötigt, kopiert Sie nur die jeweils erste
Zeile in einen neuen Frame, den sie „ÜBEN2" nennt. „ÜBEN2" müßte
demnach das Aussehen der umseitigen Abbildung 2.2 haben.

Frau Müller speichert „ÜBEN2.FW3" auf ihrer Diskette ab und geht in die
Schule. Hier sind u. U. einige Ausführungen zur Organisation des Maschinenschreibens mit dem Computer notwendig: Es hat sich als sinnvoll erwie-
sen, daß jeder Schüler zu Beginn des Schuljahres eine Diskette mit seinem
Namen und einer fortlaufenden Nummer erhält. Man kann unterschiedli-

cher Meinung sein, ob die Schüler ihre Disketten selbst verwalten sollen. Wir raten aus Praktikabilitätsgründen davon ab und empfehlen eher eine Sammelverwahrung beim Lehrer. Auf die Disketten sollten zum Schuljahresbeginn wenigstens die beiden Programme „NEU.FW3" und „KORREKTU.FW3" kopiert worden sein. Da es unwahrscheinlich ist, daß in naher Zukunft alle schulischen Rechner venetzt sein werden, müssen für die Schüler zusätzlich alle Übungen auf die Disketten kopiert werden. Dabei kann man sich entweder zu Beginn des Schuljahres die Mühe machen, eine Musterdiskette für das ganze Schuljahr anzufertigen und dieses Diskette, der Anzahl der Schüler entsprechend, zu kopieren. Den Erfahrungen der Praxis entsprechend, wird man aber wahrscheinlich die beiden genannten Programme, ergänzt um die ersten Übungen, zu Beginn des Schuljahres auf je eine Schülerdiskette kopieren und diese ansonsten, sukzessive dem Unterrichtsfortgang entsprechend, ergänzen. Diesen Ausführungen Folge leistend, wird auch unsere Frau Müller die Datei „ÜBEN2.FW3" vor Unterrichtsbeginn auf die Schülerdisketten kopieren.

```
[ÜBEN2]════════════════════════════════════════════════════

 ralf ralf klar klar kral kral lara lara karl karl saar saar
 ulla ulla aula aula juda juda saud saud akku akku dudu dudu
 ralf ulla klar aula kral juda lara saud karl akku saar dulu
```

Abb. 2.2:   ÜBEN2 - vom Lehrer generiert.

3.   Die Schüler starten nun zuerst FRAMEWORK. Als nächstes laden sie das Programm „NEU.FW3" von ihrer Diskette und starten es. Man kann den berechtigten Standpunkt vertreten, daß zu Beginn der Arbeit mit FRAMEWORK und am Anfang der Tastaturschulung selbst das Laden und Starten von „NEU.FW3" zuviel an Systemwissen und Kenntnissen der Bedienungsoberfläche voraussetzt. Um wirklich unbelastet von jeglichen Computerkenntnissen mit dem Programm „NEU.FW3" arbeiten zu können, bietet sich folgendes Verfahren an: Nehmen wir an, FRAMEWORK ist auf den schulischen Rechnern auf einer Festplatte im Verzeichnis C:\FW3 abgelegt. Nehmen wir weiter an, die Schüler benutzen das Diskettenlaufwerk A: für ihre Schülerdiskette. Dann würde folgende Kommandozeile zuerst FRAMEWORK dann „NEU.FW3" laden und zugleich starten:

C:\FW3\FW/t/A:\NEU.FW3/x

Diese Kommandozeile ist auf der Begleitdiskette als „Miniprogramm"
„FWSTART.BAT" enthalten. Wenn dieses Startprogramm ebenfalls auf den
Schülerdisketten enthalten ist, starten es die Schüler mit A:FWSTART ↵
von der DOS-Ebene.

4.   Was leistet nun „NEU.FW3" konkret?

   a)   Zum ersten schaltet es alle computerspezifischen Tasten ab! Dadurch
kann sich der noch unerfahrene Schüler nicht in den verschiedenen
Menüebenen von FRAMEWORK „verirren", aus denen er ohne
fremde Hilfe nicht mehr herausfindet. Nur noch die alphanumerischen Tasten sind freigegeben, den Tasten der klassischen Schreibmaschine entsprechend. Zum zweiten ist damit der durchaus gewollte
Nebeneffekt verbunden, daß sich die Schüler mit den gegebenen Un-
terrichtsinhalten beschäftigen müssen, weil „individuelle Entdeckungs-
touren" innerhalb von FRAMEWORK III unterbunden sind.

   b)   Da alle computerspezifischen Tasten ausgeschaltet sind, muß das
Programm „NEU.FW3" menügesteuert „ÜBEN2.FW3" laden können. Das Programm erfragt zusätzlich eine Kennung und die individuelle Schülernummer, s. Abbildung 2.3. Die Kennung wird erfragt,
um verschiedene Übungsteile gesondert kennzeichnen zu können. In
unserem Anwendungsbeispiel soll es „K" wie „Klasse" sein.

```
:MIT F5 STARTEN                        NEU              ‖Zeich:      1/1
[Übung: 'Üben2'] / [Kennung: 'K'] / [Schülernummer: '1'] - Alle Eingaben richtig (j/n)?
```

Abb. 2.3:   Menüsteuerung innerhalb „NEU.FW3"

   c)   „NEU.FW3" erzeugt nun einen neuen Frame, dessen Namen es aus
„ÜBEN2.FW3", der Kennung „K" und der Schülernummer eigenstän-
dig erzeugt. Es kopiert nun die ersten Zeile aus „ÜBEN2" in den neu-
en Frame und die Schüler haben die Aufgabe, die Zeile zweimal abzuschreiben. **Da alle computerspezifischen Tasten blockiert sind, ist**

es den Schülern nicht möglich, Fehleingaben zu löschen bzw. korrigierend zu überschreiben. Dies hat durchaus einen eigenständigen
didaktischen Wert, da die Schüler zum einen von Anfang an gezwungen werden, fehlerfrei zu schreiben. Zum andern sehen sie nach Beendigung der Übung ihre Fehler, was zweifelsohne zu einer intensiveren
Reflexion des gerade Geschriebenen anregt. Hat der Schüler die vorgegebene Zeile zweimal abgeschrieben, wird die nächste Zeile der Vorlage aus „ÜBEN2" auf dem Bildschirm ausgewiesen und muß entsprechend abgeschrieben werden.

Eine weitere, didaktisch nicht unbedeutende Einzelheit sei ebenfalls
erwähnt: Es ist, wie besprochen, eine typische Eigenheit des Schreibens mit dem Computer, daß am Ende einer Zeile **kein** harter Zeilenumbruch (= <Return>-Taste), dem Wagenrücklauf der Schreibmaschine entsprechend, erfolgen darf. Speziell geschulte Schreibkräfte,
aber auch Schüler, die zuvor mit einer Schreibmaschine gearbeitet
haben oder zuhause damit arbeiten, haben hier Probleme, da die Betätigung der Wagenrücklauftaste am Ende einer Zeile ein fest eingeschliffenes Verhaltensmuster darstellt. Wir haben dies berücksichtigt,
indem wir bewußt die <Return>-Taste blockiert haben. Nur mit der
Leertaste kommen die Schüler am Ende einer Zeile weiter bzw. wechseln automatisch in die nächste, darunterliegende Zeile.

In der Konsequenz bedeutet dies für die Unterrichtsvorbereitung, daß
beliebige Schülerübungen in der Art und Weise auf Diskette vorzubereiten sind, daß jede Zeile, die die Schüler je zweimal abzuschreiben
haben, nacheinander ausgewiesen wird, s. Abbildungen 2.1 und 2.2 im
Vergleich. Zusätzlich ist notwendig, daß der Lehrer den rechten Rand
im Textmenü bzw. die Gradzahl exakt an seinen Vorgabezeilen ausrichtet, da der Übungsframe der Schüler diesen Wert übernimmt. Für
unsere Übungen haben wir immer einen rechten Rand von 59 eingestellt. Da FRAMEWORK III die Zählung des linken Randes untypischer Weise bei 0 beginnt, kommen wir so auf eine Gradzahl von 60.

d)   Sind alle Musterzeilen abgearbeitet, führt „NEU.FW3" selbsttätig eine
Korrektur durch, indem alle Unterscheidungen zur jeweiligen Vorlagezeile unterstrichen werden. Auch dies hat schwerpunktmäßig einen
didaktischen Gehalt und erfolgt aufgrund der methodischen Absicht,

die Schüler bei der individuellen Lernkontrolle - die wir für eminent wichtig erachten - zu unterstützen. Ist die Korrektur abgeschlossen, werden im Gegensatz zu Punkt a) alle alphanumerischen Eingabetasten blockiert, damit der Schüler im Nachhinein seine Fehler nicht mehr verbessern kann. Dagegen werden die Cursortasten und die <Bild↑>-, <Bild↓>-Tasten freigegeben, damit der Schüler sich darin übend, auch durch längere Texte bewegen kann (s. umseitige Abbildung 2.4). Es ist selbstverständlich, daß sowohl die Funktionstasten wie auch die <Strg>-Tasten für die Menüwahl nach wie vor blokkiert sind.

Abb. 2.4:   Korrektur innerhalb „NEU.FW3"

e)   Die einzige Ausnahme bildet die sehr wichtige Tastenkombination <Strg-Return>. In FRAMEWORK wird diese Tastenkombination dazu benutzt, einen Text abzuspeichern. Es erscheint uns wichtig, die Schüler von Anfang an daran zu gewöhnen, daß ein Text abgespeichert werden **muß**, bevor man das Textverarbeitungssystem verläßt. Deshalb kann der Schüler seine Übungssequenz nur beenden, wenn er mit <Strg-Return> seinen Text auf die Diskette im Laufwerk A: abspeichert.

f)   Hat der Schüler seinen Text abgespeichert, wird er gefragt, ob er eine neue Übungssequenz bearbeiten will. In diesem Fall startet das Programm „NEU.FW3" von neuem. Ansonsten beendet „NEU.FW3" seine Tätigkeit und organisiert gleichzeitig das Ende von FRAMEWORK und die Rückkehr auf die Ebene des Betriebssystems.

Noch drei technische Details zum Schluß:

-   „NEU.FW3" ist sehr unflexibel. Sie können lediglich nach Vorlage schreiben, abspeichern und FRAMEWORK verlassen. Dies ist gewollt und beabsichtigt. Vielleicht benötigen Sie aber einmal einen „Notausgang", um eine der jetzt gesperrten FRAMEWORK-Funktionen ausführen zu können. In diesem Fall geben Sie nach dem Laden des Übungstextes - zu einem beliebigen Zeitpunkt - die Tastenkombination <Alt-F1> ein. Sofort werden Sie benachrichtigt, daß sämtliche Tastaturfilter aufgehoben sind. Gleichzeitig hat „NEU.FW3" seine Arbeit eingestellt, und Sie befinden sich nun auf der FRAMEWORK-Oberfläche - ohne jede Einschränkung. Allerdings speichert „NEU.FW3" den unterbrochenen Übungsframe nun nicht mehr ab, was ja auch nicht sinnvoll wäre. Um weiterzuarbeiten, muß „NEU.FW3" mit dem Cursor angefahren und mit <F5> neu gestartet werden. Dabei empfiehlt es sich, vor dem Start alle momentan nicht benötigten Frames von der Arbeitsfläche zu löschen, auch den Vorlagenframe für die Übung und den Übungsframe des Schülers. Beide Frames müssen dann von neuem geladen und bearbeitet werden. Es liegt in Ihrem Ermessen, inwieweit Sie die Schüler auf den Notausgang aufmerksam machen, „NEU.FW3" hält diese Information jedenfalls „geheim". Unsere Empfehlung ist, es besser nicht bekannt zu machen, da Ihnen durch die Freigabe aller Tasten ein wichtiges Instrument zur Steuerung des Unterrichts aus der Hand genommen ist.

-   Um auch Schülern den Abbruch einer Übung zu ermöglichen, wurde die <ESC>-Taste mit folgender Funktion belegt: Sobald ein Schüler diese Taste betätigt, stoppt „NEU.FW3" die Bearbeitung und speichert den Übungsframe des Schülers auf dem voreingestellten Laufwerk und Pfad ab. Der Schüler wird dann gefragt, ob eine neue Übung bearbeitet werden soll. Analog zum bereits beschriebenen startet „NEU.FW3" dann von neuem oder organisiert das Ende von FRAMEWORK und die Rückkehr auf die Betriebssystemebene.

-   Es ist möglich, daß an Ihrer Schule oder Bildungseinrichtung nicht das Laufwerk A:, sondern das Laufwerk B: oder gar ein Netzlaufwerk dasjenige Laufwerk ist, von welchem die Schüler ihre Übungen laden bzw. auf welches sie diese nach Bearbeitung abspeichern. Um das Laufwerk zu ändern
    -   Laden Sie „NEU.FW3", starten das Programm aber nicht.
    -   Gehen Sie mit dem Cursor auf das Programm und betätigen dann die <F12>-Taste.
    -   Betätigen Sie nun solange die Auf- bzw. Abpfeiltasten des Cursors, bis Sie in der Mitte der Nachrichtenzeile den Framenamen „NEU.Variable" sehen.
    -   Betätigen Sie die <F9>-Taste. In der Zelle C1 sehen Sie das voreingestellte Laufwerk A:\. Diesen Wert können Sie überschreiben, beispielsweise durch B:\, für das Laufwerk B:. Sie können auch Unterverzeichnisse angeben. Achten Sie aber bitte darauf, daß die Laufwerksbezeichnung von einem rückwärts gerichteten Schrägstrich (\) (= backslash) abgeschlossen wird. **Er ist zum korrekten Programmlauf unbedingt notwendig.**
    -   Betätigen Sie nun zweimal die <F11>-Taste, und Sie sind wieder an der FRAMEWORK-Oberfläche.
    -   Sollen diese Änderungen von Dauer sein, das heißt auch nach dem nächsten Start von „NEU.FW3" noch wirksam, ist es notwendig, „NEU.FW3" vor dem Beenden von FRAMEWORK in der veränderten Version abzuspeichern.

2.11.2   Programm „KORREKTU.FW3"

Mit dem Programm „KORREKTU.FW3*" stellen wir eine weitere Anwendungsmöglichkeit des FRamework EDitors (FRED) vor. Wir wollen seine Funktion wieder an unserer imaginären Kollegin „Frau Müller" verdeutlichen. Stellen wir uns vor, Frau Müller hat die in Kapitel 2.11.1 ausgeführte Übung „ÜBEN2" von ihren Schülern mit dem Computer schreiben lassen. Alle Schüler haben die Übung auf ihrer Schülerdiskette abgespeichert. Da jeder Schüler eine fortlaufende Nummer hat, ermöglicht dies unserer Kollegin, die Korrektur zu automatisieren. Doch gehen wir wieder der Reihe nach vor:

---

*   Das im Programm „KORREKTU.FW3" enthaltene Modul „UTILO3" verdanken wir Herrn Prof. Dr. Mödl, Pädagogische Hochschule Schwäbisch Gmünd.

a)   Frau Müller spielt alle Schülerergebnisse in ein spezielles Unterverzeichnis der Festplatte ihres Computers, z. B. C:\KORREKTU. Alle Schülerdateien in unserem Beispiel haben den Dateinamen „KBUNG2_n.FW3", wobei „n" für die Schülernummer steht. Am besten schaltet man auf der DOS-Ebene nun ins gewünschte Laufwerk A: oder B: und legt die erste Schülerdiskette ein.

COPY KBUNG_2*.FW3 C:\KORREKTU ↵

Mit der obenstehenden Befehlszeile wird der Kopiervorgang ausgeführt. Sobald die erste Schülerdatei kopiert ist, wird die Diskette gewechselt und die zweite bis n-te Schülerdiskette ins Laufwerk eingelegt. Mit <F3> wird der Kopierbefehl jeweils erneut auf den Bildschirm geholt. <RETURN> führt ihn aus.

b)   Nun lädt Frau Müller das Programm „KORREKTU.FW3" und startet es mit <F5>. Vor dem eigentlichen Programmlauf fragt uns auch „KORREKTU.FW3" nach einigen Daten. Um die womöglich immer ähnlichen Daten für weitere Programmläufe zur Verfügung zu haben, speichert man „KORREKTU.FW3" nach der Beendigung des Programmlaufs ab. Dann bleiben die Eingaben als Voreinstellung für das nächste Mal erhalten. Selbstverständlich können sie jederzeit überschrieben werden. Folgende Eingaben werden vom Programm erfragt:

-    „Name der Korrektur-Vorlage?":   Hier wird der gleiche Frame-Name als Vorlage eingegeben, den unsere Frau Müller in Kapitel 2.11.1 als Vorlage auf die Schülerdisketten kopiert hat, in unserem Beispiel ist es die Datei „ÜBEN2.FW3". Die Mustervorlage **muß** vor dem Programmstart im gleichen Unterverzeichnis abgelegt sein wie die Schülerergebnisse, in unserem Beispiel „C:\KORREKTU".

- „Kleinste Frame-Nummer?":   Kleinste Schülernummer;

- „Größte Frame-Nummer?":   Größte Schülernummer.

- „Laufwerk und Pfad?":   Hier geben Sie bitte das genannte „spezielle Unterverzeichnis" für die Schülerergebnisse ein, hier „C:\KORREKTU".

c)   Die Arbeit ist jetzt getan. „KORREKTU.FW3" vergleicht nun alle Schülerergebnisse mit der Vorlage, und - das ist der Clou - erarbeitet als „ERGEBNIS"-Frame eine Fehlerliste aller Schülerarbeiten, wie es die Abbildung 2.5 zeigt.

```
 Anwendung  Laufwerk  NEU  Editieren  Suchen
          A      B        C        D        E
1   Fehlerliste:                          ÜBEN2
2   Schüler:          KBEN2_2 KBEN2_1      Summe
3   arlf                         1           1
4   kara                2        1           3
5   illa                         2           2
6   uala                         2           2
7   rakf                         1           1
8   krau                         1           1
9   dulk                         1           1
10  ualf             1                       1
11  ulfa             1                       1
12  kkar             1                       1
13  saaa             1                       1
14  ukka             2                       2
15  auka             2                       2
16  jusa             1                       1
17  suad             2                       2
18  duuu             1                       1
19  duud             1                       1
20  klau             1                       1
21  ==========================================
22  Schüler:          KBEN2_2 KBEN2_1
23  Fehler               16       9
```

Abb. 2.5:   Ergebnis „KORREKTU.FW3"

Durch die Verwendung von „KORREKTU.FW3" erhält der Anwender zwei entscheidende Vorteile gegenüber dem Kollegen, der die Schülerarbeiten von Hand auswertet:

- Zum einen beinhaltet die automatische Korrektur, sie entspricht einer vertikalen Betrachtung der Abbildung 2.5 - wobei wir aus Platzgründen die Klasse mit nur zwei Schülern angenommen haben, eine erhebliche Arbeitsersparnis gegenüber dem manuellen Korrigieren. Wer nur einmal Schülerarbeiten von Übungen zur Tastaturschulung korrigiert hat, weiß, daß aufgrund der semantischen Sinnlosigkeit vieler Übungs„wörter" und der daraus fehlenden Redundanz, die Korrektur dem Lehrenden ein Höchstmaß an Konzentration abverlangt.

- Zum andern - und das ist der wesentliche Punkt - beinhaltet die automatische Korrektur - in der horizontalen Betrachtung der Abbildung 2.5 - neben dem quantitativen Auszählen der einzelnen Fehler *zusätzlich* einen qualitativen Aspekt. Hier steht jetzt nicht der einzelne Schüler im Vordergrund, das Interesse gilt lediglich den einzelnen Fehlern. Jeder Fehler wird aufgelistet, und wenn mehrere Schüler den gleichen Fehler gemacht haben, addiert das Programm die Fehlerhäufigkeit in einer separaten Summenspalte auf. Deshalb kann man sehr leicht *Fehlerschwerpunkte* der Klasse erkennen und leistet dadurch ohne Mehrarbeit den Einstieg in eine qualitative Fehleranalyse. Dadurch erhält das Programm „KORREKTU.FW3" einen eigenständigen methodischen Wert, da der weitergehende Unterricht in Abhängigkeit dieser Häufigkeitsauszählung der gemachten Fehler erfolgen kann. Es ist unrealistisch anzunehmen, daß man sich dieser Arbeit bei einer manuellen Auszählung bei jeder Übungsphase unterzieht. Von daher gesehen bietet das Programm - über einen längeren Zeitraum eingesetzt - auch eine gute Möglichkeit, die Entwicklung der Fehlerschwerpunkte einer Klasse aufzuzeigen.

- Eine dritte Einsatzmöglichkeit soll der Vollständigkeit halber angeführt werden: Das Programm kann auch zur Eigenkorrektur durch den Schüler selbst angewendet werden. Wenn er in einer bestimmten Phase der Tastaturschulung spezifische Probleme hat, kann er die gleiche Übungssequenz mit „NEU.FW3" auch mehrfach nachvollziehen. Er gibt sich eine spezifische Kennung und bei jedem Übungsdurchlauf eine um eins erhöhte Schülernummer. Dann kann er seine Leistung(ssteigerung) über „KORREKTU.FW3" selbst visuell überprüfen. Indem er als „Laufwerk und Pfad" „A:\" oder

„B:\" eingibt, kann er das Programm „KORREKTU.FW3" direkt von seiner Schülerdiskette aus starten, da das Korrekturprogramm selbst zu Beginn
des Schuljahres auf seine Schülerdiskette kopiert worden war (s. o.).

3 Briefgestaltung

Vorbemerkungen

Die Vielfalt der Briefgestaltung - soll sie unter dem Aspekt einer grundsätzlichen Einführung betrachtet werden - würde ausreichen, ein Buch alleine zu füllen. Uns schien es daher geboten, eine repräsentative Auswahl zu treffen. Dies fiel uns nicht immer ganz leicht.

Stoffaufbau und stoffliche Abgrenzung

In der Konzeption dieses dritten Kapitels ließen wir uns von den Belangen und Bedürfnissen der Sekundarstufe I leiten. Sowohl der Haupt- als auch der Realschüler ist oftmals bar jeglicher kaufmännischer Grundkenntnisse; ein Geschäftsbrief sagt ihm nicht viel, die dazugehörigen DIN-Regeln 5008 (Regel für Maschinenschreiben) und 676 (Geschäftsbrief Vordruck A4) noch viel weniger. Darin liegt auch begründet, weshalb wir uns in diesem Kapitel ausschließlich dem Geschäftsbrief DIN A4 widmen.

Weder die Halbbriefe DIN A5 im Hoch- und Querformat noch der Behördenbrief wurden mit aufgenommen. Letzter unterliegt streng genommen ohnehin der Normung nach DIN 5008. Die Praxis lehrt jedoch häufig das Gegenteil. Daraus kann man wohl die Schlußfolgerung ziehen, daß derjenige, der bei einer Behörde arbeitet, sich den dortigen, langjährig gepflegten Gewohnheiten unterwerfen muß und sich in der Gestaltung der Korrespondenz den Wunschvorstellungen seines Vorgesetzten anzupassen hat. Daß Derartiges manches Mal wahre Blüten treibt, sei hier nur am Rande erwähnt.

Es soll auch keinesfalls der Versuch unternommen werden, in einen Wettstreit mit den beruflichen Schulen zu treten. Allein die in der Sekundarstufe I zur Verfügung stehende Wochenstundenzahl setzt dem Grenzen und zeigt auf der anderen Seite auch sehr deutlich auf, daß der Geschäftsbrief für diese Schülergruppe zunächst einmal als zweckdienliches Instrument behandelt werden will, welches zu einem in der Form korrekten und stilistisch einwandfreien Bewerbungsschreiben führen soll. Das bedeutet für Ihre praktische Arbeit, daß Sie den Komplex Geschäftsbrief notgedrungen halbieren müssen, d. h. sämtliche Ausnahmen und Besonderheiten, die im Hinblick auf das Bewerbungsschreiben nicht relevant sind, müssen zu einem späteren Zeitpunkt behandelt werden. Dies gilt sicher in besonderem Maße auch für die „Textbausteine zum Mahnverfahren" (siehe UE 4).

Wir haben, um ein durchgängiges Prinzip beizubehalten, diese Halbierung nicht vorgenommen. Es bleibt allein Ihrer didaktischen Intension vorbehalten, wo Sie stoffliche Abgrenzungen gezogen wissen wollen. In diesem Sinne versteht sich auch das Kapitel 3 als ein Angebot zu Ihrer Unterrichtsvorbereitung, das im Bedarfsfall beliebig ergänzt und erweitert werden kann.

Dies gilt in gleichem Maße für die Textbausteine zum Bewerbungsschreiben. Auch hier wurde aus dem Umfeld der Sekundarstufe I heraus operiert. Damit haben die Textbausteine zwangsläufig nicht nur schulart- sondern auch altersspezifische Vorgaben. Sollte dieser Aufbau für Sie persönlich keine Unterrichtsrelevanz haben, können Sie selbstverständlich auch hier korrigierend eingreifen und das Programm inhaltlich verändern.

Besondere Schriftstücke

Hier sind beispielsweise Glückwunschschreiben, Briefe an hochgestellte Persönlichkeiten oder Briefe aus ganz besonderen Anlässen zu nennen. Da es nicht üblich ist, für derartige Schreiben Briefvordrucke zu verwenden, werden an den Verfasser hinsichtlich der Gestaltung und der Textgliederung besondere Anforderungen gestellt. Bei kurzen Texten besteht die Möglichkeit, 1 1/2zeilig oder gar 2zeilig zu schreiben und den rechten und linken Rand zu verändern. Dieses Kapitel enthält hierfür nur ein Beispiel. Wir sind der Auffassung, daß hier - da eine strenge Führung durch die Normierung nicht gegeben ist - den Schülern zur kreativen Gestaltung keine weiteren Vorgaben gemacht werden sollten. Allerdings ist eindrücklich davor zu warnen, in einem solchen Schreiben alle Register dessen zu ziehen, was das verwendete Textverarbeitungssystem und der angeschlossene Drucker zu leisten imstande sind.

Manuskripte oder Ausarbeitungen für Vorträge und Ansprachen sollten immer 2zeilig geschrieben werden, damit der Redner nicht in Gefahr kommt, sich in der Zeile zu irren. Außerdem fühlt er sich nicht zu eng an das Manuskript gebunden und kann durch häufigen Blickkontakt zu seinem Zuhörerkreis den Eindruck einer relativ freien Rede erwecken.

Papierformate

Die einheitlichen Formate wurden durch den *Fachausschuß Bürowesen im Deutschen Normenausschuß* geschaffen. Bei den Papierformaten ging man von einem Rechteck von 1 m² aus, dessen Breitseite 841 mm und seine Längsseite 1189 mm beträgt. Dieser sogenannte Grundbogen erhielt die Bezeichnung A0. Durch fortgesetztes Halbieren (Hälfteteilung über die Breitseite) entstehen die nachfolgenden Formate A1 bis A10, ohne daß dabei Abfall entsteht. Alle Formate weisen dasselbe Verhältnis Länge : Breite auf.

Für den Kaufmann und den im kaufmännischen Bereich Tätigen sind aus dieser A-Reihe folgende Formate von Bedeutung:

A4	Briefblatt	210 x 297 mm
A5	Halbbriefblatt	148 x 210 mm
A6	Postkarte	105 x 148 mm

Alle Papierformate der DIN-A-Reihe passen in Briefhüllen der DIN-C-Reihe. Die im Geschäftsverkehr am häufigsten benutzte Briefhülle ist die „DIN C6" als Fensterbriefhülle. Sie erspart es, die Anschrift des Absenders und des Empfängers noch einmal zu schreiben, außerdem wird bei seiner Verwendung ein irrtümliches Falschkuvertieren ausgeschlossen. Die Anordnung der Briefhüllen ist im Normblatt DIN 678 geregelt.

3.1   UE 1: Didaktische und methodische Überlegungen

Baustein:	Briefgestaltung (Tabelle) Lektion 3.1.1 bis 3.1.3
Thema:	Richtige Schreibweise von Straßenna- men
Funktion:	Gewinnen von Sicherheit in der An- wendung des Regelwerkes

Die beiden Lektionen sind der eigentlichen Briefgestaltung vorangestellt worden, da nach unseren Erfahrungen im Bereich des Richtigschreibens von Straßennamen nicht nur bei Schülern große Unsicherheiten bestehen.

Die Lektion 3.1.1 besteht aus einer Tabelle mit insgesamt 7 Regeln zu den Straßennamen. Damit können Sie fast alle in Frage kommenden Namen abdecken. Wir sagen deshalb „fast", weil wir selbstverständlich einräumen müssen, daß es auch eine Vielzahl von Grenzfällen gibt, die sich keineswegs so ohne weiteres richtig einordnen lassen. Denken Sie bitte nur einmal an eine Straße, die einer lokalen Persönlichkeit gewidmet wurde: Weidenbacher! Da es einen Ort Weidenbach gibt, stehen Sie nun vor der Gretchenfrage der richtigen Schreibweise: Weidenbacherweg oder Weidenbacher Weg? So auf die Schnelle wird hierfür wohl keine Lösung präsent sein. Wie hilfreich kann in einem solchen Falle eine - auf der Begleitdiskette zur Verfügung stehende - Auflistung von über 100 Straßennamen sein, die verläßlich überprüft ist. In diesem Sinne versteht sich diese Lektion mit der ersten Tabelle zunächst einmal als Ihr persönliches Handwerkszeug zur Unterrichtsvorbereitung; sie ist aber gleichzeitig auch als Kontrollblatt Ihrer Schüler einsetzbar.

Die Lektion 3.1.2 hingegen ist ein reines Schülerarbeitsblatt, auf dem sich alle Straßennamen in alphabetischer Reihenfolge in der linken Spalte befinden. Die übrigen Spalten enthalten lediglich die Regeln, die an Hand von zwei oder drei Beispielen gemeinsam mit Ihren Schülern erarbeitet werden können. Sicherlich befinden sich unter diesen Straßennamen auch welche, die Ihren Schülern bekannt sind. Nach der jeweiligen exemplarischen Beispielfindung und Zuordnung sollten die

übrigen Straßennamen von den Schülern in selbständiger Arbeit regelgerecht zuge-
ordnet werden.

Diese Aufgabe erledigen die Schüler unter Verwendung der <F7>-Taste (= Verlagern). Können mehrere Straßennamen in einem Arbeitsgang verlagert werden,
muß zuvor mit der <F6>-Taste die zu treffende Auswahl markiert werden.

Wir haben für die Straßennamen deshalb eine Tabelle gewählt, da in ihr rein ord-
nende und zuordnende Aufgaben zu erfüllen sind. Selbstverständlich kann auch
diese Tabelle nach Belieben erweitert werden. Für eine solche Erweiterung gibt es
- genau so wie in den später folgenden Datenbanken - verschiedene Möglichkeiten:

1. Beispiel: Sie wollen die Tabelle am Ende um 10 Zeilen erweitern:

    1. Schritt: Mit Hilfe des Cursors gehen Sie auf die letzte Zeile inner-
                     halb der Tabelle.
    2. Schritt: Sie wählen <Strg-N>Z (= Zeilen/Sätze einfügen).
    3. Schritt: Im Bereich der Nachrichtenzeile Ihres Bildschirms er-
                     scheint die Voreinstellung 1 hell unterlegt. Geben Sie nun
                     die 10 ein und schließen Sie die Eingabe mit <Return>
                     ab.

In gleicher Weise verfahren Sie, wenn Sie die Tabelle durch zusätzliche Spalten
erweitern wollen:

    1. Schritt: Mit Hilfe des Cursors gehen sie innerhalb der Tabelle auf
                     die letzte Spalte.
    2. Schritt: Sie wählen <Strg-N>S (= Spalten/Felder) einfügen.
    3. Schritt: wie oben beschrieben.

2. Beispiel: Sie wollen die Tabelle, deren Straßennamen bereits alphabetisch sor-
tiert sind, an aktueller Position um eine weitere Straße ergänzen, benötigen also in unserem Beispiel nur eine freie Zeile:

    1. Schritt: Mit Hilfe des Cursors steuern Sie den Straßennamen an,
                     unter welchem die neue Zeile eröffnet werden soll.
    2. Schritt: Sie wählen <Strg-N>Z = Zeile/Sätze einfügen

3. Schritt: In der Nachrichtenzeile erscheint abermals die Voreinstellung 1 hell unterlegt. Da Sie tatsächlich nur eine Zeile
benötigen, bestätigen Sie die Voreinstellung direkt mit
<Return>.

In gleicher Weise verfahren Sie, wenn Sie in die Tabelle an beliebiger Stelle eine zusätzliche Spalte einfügen wollen.

Nicht ganz unproblematisch ist für den weniger versierten Kollegen das Löschen bzw. Entfernen bereits vorhandener Zeilen oder Spalten mit der Tastenfolge <Strg-E>S und <Strg-E>Z. Dieser Befehl, einmal mit „Ja" zur Ausführung freigegeben, kann nicht mehr zurückgenommen werden. Allerdings warnt das Programm Sie ausdrücklich noch einmal mit dem Hinweis **„Operation kann nicht mehr rückgängig gemacht werden - weiter? J/N,"** wobei sich das Wort „weiter" auf die Ausführung des Befehls bezieht.

Bevor es in der Unterrichtseinheit 2 an die Erarbeitung der einzelnen Elemente geht, haben wir in der Lektion 3.1.2 eine Gesamtdarstellung vorgesehen, welche den Schülern zunächst einmal einen rein optischen Eindruck des DIN A4-Geschäftsbriefes vermitteln soll. Die Erläuterungen hierzu können ganzheitlich - wie plaziert - oder schrittweise mit den einzelnen Elementen durchgenommen werden. Nachfolgend eine jederzeit ladbare Briefmaske einzubringen, erschien uns aus didaktischer Sicht sinnvoll, obwohl ihr Einsatz höchstwahrscheinlich erst zu einem späteren Zeitpunkt von Ihnen geplant wird.

3.1.1   Straßennamen mit Regelwerk

LEKTION 3.1.1   (= B1_1L.FW3 und B1_1L.TXT)

Regel 1: Erster Wortteil unverändert, daher ein Wort	Regel 2: Eigennamen und Titel schreibt man mit Bindestrich	Regel 3: Unveränderte Adjektive schreibt man in einem Wort	Regel 4: Veränderte Adjektive schreibt man groß und getrennt
Amselgasse	Adalbert-Stifter-Weg	Altmole	Alte Gasse
Andreasstraße	Albrecht-Dürer-Weg	Breitdamm	Breite Gasse
Bachstraße	Anton-Bruckner-Ring	Buntweg	Bunter Laubengang
Beethovengasse	Emil-Nolde-Straße	Edelweg	Dunkles Gäßchen

Regel 5: Präpositionen schreibt man groß und getrennt	Regel 6: Präpositionen mit veränderten Adjektiven schreibt man groß und getrennt	Regel 7: Städtenamen, die verändert werden, schreibt man groß und getrennt	Hinweis: Aus darstellungstechnischen Gründen kann die auf der Diskette befindliche Tabelle nur auszugsweise wiedergegeben werden.
Auf dem Marktplatz	Hinterm Großen Torplatz	Potsdamer Platz	
Am Türmle	Unter der Dürren Eiche	Zanger Waldweg	
In der Bleiche	Vor der Hohlen Gasse	Stuttgarter Ring	

Tab. 3.1:   Straßennamen mit Regelwerk

Auf die Wiedergabe des Schülerarbeitsblattes wurde aus Platzgründen verzichtet. Es ist als B1_1S.FW3 und B1_1S.TXT auf der Begleitdiskette abgelegt.

3.1.2   Grafische Darstellung eines DIN A4-Briefes

LEKTION 3.1.2   **(B1_2L.TXT)**

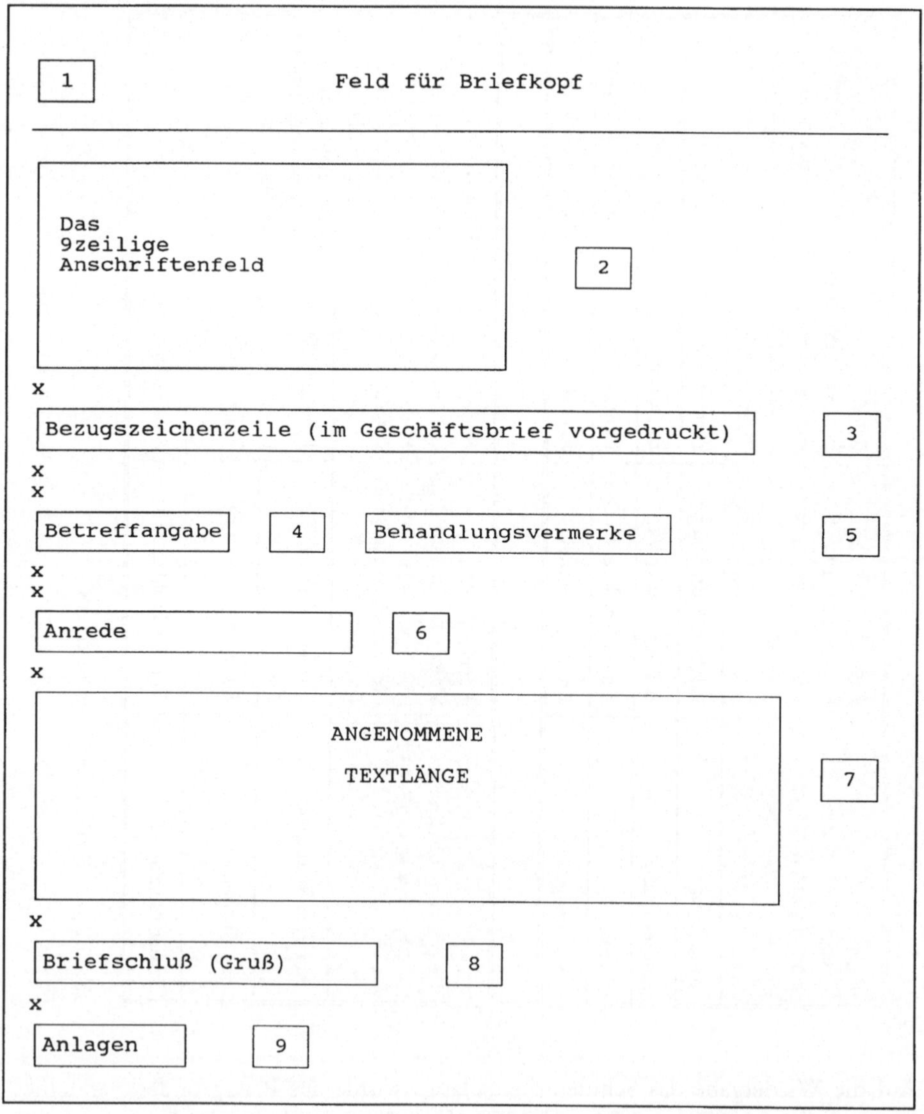

```
┌─────────────────────────────────────────────────────────────┐
│                                                               │
│  ┌───┐                                                        │
│  │ 1 │                      Feld für Briefkopf                │
│  └───┘                                                        │
│  ───────────────────────────────────────────────────────     │
│  ┌─────────────────────────────────────┐                     │
│  │                                      │                     │
│  │ Das                                  │      ┌───┐          │
│  │ 9zeilige                             │      │ 2 │          │
│  │ Anschriftenfeld                      │      └───┘          │
│  │                                      │                     │
│  └─────────────────────────────────────┘                     │
│  x                                                            │
│  ┌─────────────────────────────────────────────────┐  ┌───┐  │
│  │ Bezugszeichenzeile (im Geschäftsbrief vorgedruckt)│  │ 3 │  │
│  └─────────────────────────────────────────────────┘  └───┘  │
│  x                                                            │
│  x                                                            │
│  ┌─────────────────┐ ┌───┐   ┌─────────────────────┐  ┌───┐  │
│  │ Betreffangabe   │ │ 4 │   │ Behandlungsvermerke │  │ 5 │  │
│  └─────────────────┘ └───┘   └─────────────────────┘  └───┘  │
│  x                                                            │
│  x                                                            │
│  ┌─────────────────────────┐ ┌───┐                           │
│  │ Anrede                  │ │ 6 │                           │
│  └─────────────────────────┘ └───┘                           │
│  x                                                            │
│  ┌───────────────────────────────────────────────┐   ┌───┐  │
│  │                                                 │   │ 7 │  │
│  │                ANGENOMMENE                      │   └───┘  │
│  │                                                 │          │
│  │                TEXTLÄNGE                         │          │
│  │                                                 │          │
│  └───────────────────────────────────────────────┘          │
│  x                                                            │
│  ┌───────────────────────────┐   ┌───┐                       │
│  │ Briefschluß (Gruß)        │   │ 8 │                       │
│  └───────────────────────────┘   └───┘                       │
│  x                                                            │
│  ┌─────────────────┐  ┌───┐                                  │
│  │ Anlagen         │  │ 9 │                                  │
│  └─────────────────┘  └───┘                                  │
│                                                               │
└─────────────────────────────────────────────────────────────┘
```

Erläuterung der einzelnen Briefelemente

1 **Briefkopf:**

Nennt den Inhaber und die Art des Geschäfts. Da dieser Briefkopf gleichzeitig der Werbung dient, unterliegt er keinen Anordnungsregeln, sondern er kann grafisch frei gestaltet werden.

2 **Anschrift:**

Für das Schreiben der Empfängeranschrift stehen neun Zeilen zur Verfügung.
- Berufs- und Amtsbezeichnungen stehen in der dritten Zeile neben der Anrede.
- Akademische Grade sind als Bestandteil des Namens in der vierten Zeile dem Namen voranzusetzen.
- Bei Untermietern muß der Name des Wohnungsinhabers unter den Namen des Empfängers geschrieben werden.
- In Firmenanschriften wird das Wort „Firma" in der dritten Zeile weggelassen, wenn erkennbar ist, daß es sich nicht um eine natürliche Person handelt.

3 **Bezugszeichenzeile:**

Sie dient der Vereinfachung des Schriftverkehrs. Die entsprechenden Angaben sind unmittelbar unter die vorgedruckten Leitwörter zu schreiben. Das erste Schriftzeichen steht unter dem Anfangsbuchstaben des jeweils ersten Leitwortes.

4 **Betreff:**

Die Betreffangabe ist eine stichwortartige Inhaltsangabe, die sich auf den ganzen Brief bezieht. Nach zwei Leerzeilen ab der Bezugszeichenzeile ist der Wortlaut des Betreffs zu nennen. Danach sind wieder zwei Leerzeilen vorgesehen.

5 **Behandlungsvermerk:**

z. B.: Eilt, Wichtig, Streng vertraulich usw., können im Anschluß an die Betreffangabe oder beginnend auf 50 Grad in Höhe der letzten Zeile des Anschriftenfeldes geschrieben werden. Hervorhebungen sind möglich.

6 **Anrede:**

Auf eine Anrede sollte niemals verzichtet werden! Sie wird durch eine Leerzeile vom Text abgetrennt.

7 **Text:**

Der Text unterliegt inhaltlich keinen Gestaltungsregeln. Für jede Textgestaltung können die Prinzipien der Aufsatzlehre herangezogen werden. Vor jedem neuen Gedanken sollte ein Absatz folgen, der durch eine Leerzeile vorzunehmen ist.

8 **Briefschluß:**

Der Briefschluß wird vom Text durch eine Leerzeile abgesetzt.

- Der Firmenname wird durch eine Leerzeile vom Gruß abgesetzt.
- Ergänzungen, wie z. B. „in Vertretung" oder „im Auftrag" (i. V., i. A.) werden durch zwei Leerzeilen vom Firmennamen abgesetzt.
- Die maschinenschriftliche Namenswiedergabe des Unterzeichners wird in der Regel ebenfalls durch zwei Leerzeilen von den Ergänzungen abgesetzt.

9 **Anlagen- und Verteilervermerke:**

Sie werden durch eine Leerzeile von der maschinenschriftlichen Namenswiedergabe abgesetzt. Sollte der zur Verfügung stehende Platz an der Fluchtlinie nicht ausreichen, können die Anlagen- und Verteilervermerke in gleicher Höhe mit dem Gruß auf 50 Grad geschrieben werden.

3.1.3   Briefmaske

LEKTION 3.1.3   **(= B1_3.FW3 und B1_3.TXT)**

Die nachfolgende Abbildung zeigt die Briefmaske, welche die Schüler zur weiteren
Bearbeitung einlesen können. Aus Platzgründen beschränkt sich die Darstellung
der DIN A4-Seite auf den ersten Teil.

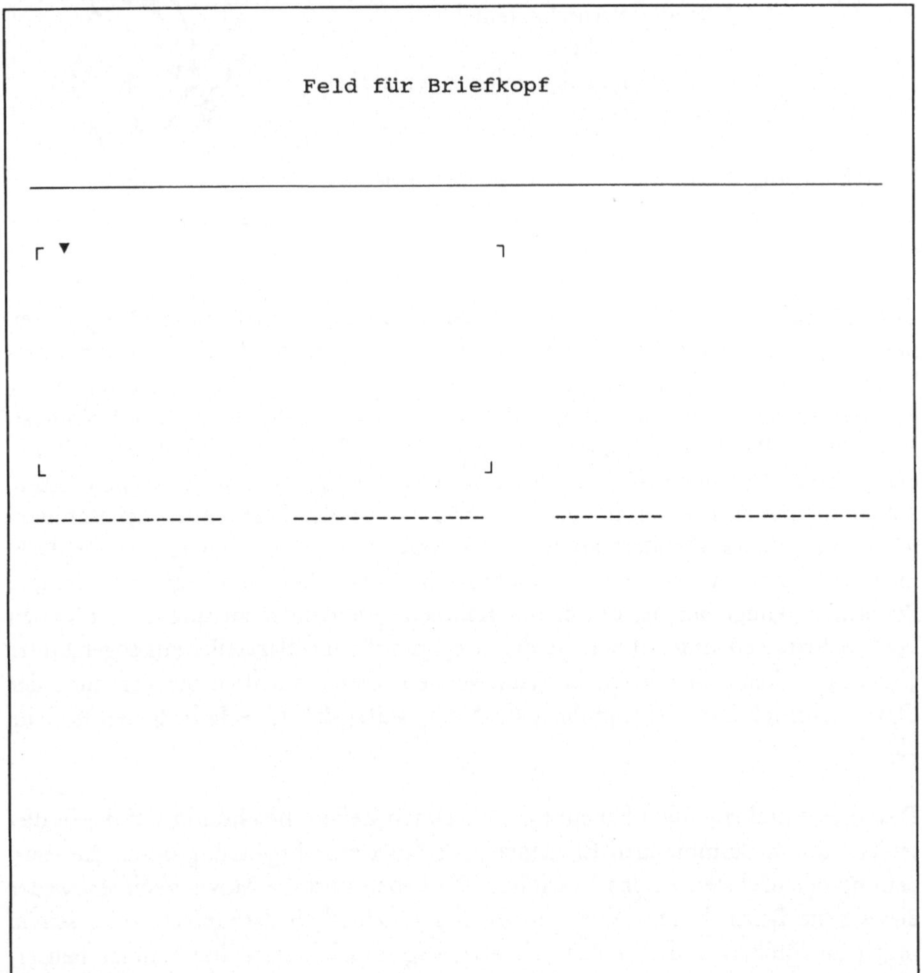

```
                        Feld für Briefkopf


        _______________________________________________________

      ┌ ▼                                    ┐




      L                                       ┘
      - - - - - - - - -   - - - - - - - -   - - - - - -   - - - - - - -
```

3.2   UE2: Didaktische und methodische Überlegungen

Baustein: Briefgestaltung
            Lektion 3.2.1 bis 3.2.7

Thema: Die Elemente des Geschäftsbriefes:
            - 9zeiliges Anschriftenfeld
            - Bezugszeichenzeile
            - Betreff und Behandlungsvermerke
            - Briefschluß

Funktion: Einführung in den Geschäftsbrief

In den Lektionen 3.2.1 bis 3.2.3 stellen wir das 9zeilige Anschriftenfeld mit all seinen möglichen Erweiterungen - bis hin zur Auslandsanschrift und den damit verbundenen Besonderheiten - vor. Die Größe der dafür vorgesehenen Rahmenfelder entspricht dem Anschriftenteil des DIN A4-Geschäftsbriefes. Eine Grundvoraussetzung für die Bearbeitung dieser Anschriften ist, daß Sie zuvor durch Ihre Schüler die Option „Vorhandenes überschreiben" mit <Strg-E>V = Ja wählen lassen. Sollten Sie das einmal versäumen, so werden Sie bei der Bearbeitung der Rahmenfelder Ihr „blaues Wunder" erleben. Die Anschriftenfelder sind von einem Rahmen zum anderen bereits mit unsichtbaren Leerzeichen unterlegt. Ein einziger Buchstabe genügt bereits, um diesen Rahmen auseinander zu sprengen. Für den Fortgeschrittenen unter Ihnen ist die „Reparatur" eine Bagatelle, ein sogenannter „Einsteiger" kann aber leicht in Panik geraten. Deshalb sollten Sie sich auch der Option „unsichtbare Zeichen darstellen" mit <Strg-E>U = Ja bedienen (s. Seite 25).

Das erste Anschriftenfeld benennt die einzelnen Zeilen, beschränkt auf die in dieser Lektion vorkommenden Elemente. Es erfährt eine Ergänzung durch die Erarbeitung der nächsten beiden Lektionen. Sie haben nun die Möglichkeit, entweder dieses erste Beispiel eines Anschriftenfeldes ganzheitlich darzubieten oder seinen Inhalt zu löschen und in einem Unterrichtsgespräch durch Ihre Schüler neu erstellen zu lassen. So wäre es denkbar, daß zunächst der Name als wichtigster Teil genannt wird, was bedeuten würde, daß als erstes die vierte Zeile von Ihren Schülern geschrieben werden müßte. Diese Vorgehensweise befähigt Ihre Schüler durchaus, die nachfolgenden (einfachen) Anschriften in selbständiger Arbeit zu bewältigen. Eine gleiche oder ähnliche Vorgehensweise ist sowohl für die erweiterte als auch für die Auslandsanschrift zu empfehlen.

In der Lektion 3.2.3 erfahren Ihre Schüler - neben anderen Besonderheiten der Auslandsadresse, daß unsere europäischen Nachbarn in ihrem Schriftverkehr keine separate Zeile für die Anrede ausweisen. Eine generelle Verbindlichkeit scheint hierfür jedoch nicht zu bestehen, denn die DIN-Vorschriften führen lediglich aus: „Die Anordnung der Bestandteile der Anschrift sowie deren Schreibweise sind - wenn möglich - der Absenderangabe des Partners zu entnehmen" (Deutsches Institut für Normung e.V., 1987: 23). Diese Vorlage kann durchaus auch als Klassenarbeit oder als Kurztest verwendet werden.

Wir haben auf der Begleitdiskette die Beispieladressen in allen Fällen ungegliedert - beginnend mit der ersten Zeile - plaziert. In den zusammengefaßten Übungsaufgaben der Lektion 3.2.4 sind sie allerdings nicht der Reihenfolge nach genannt worden, sondern kunterbunt gemischt. Da die Anschriftenfelder - wie erwähnt - mit (unsichtbaren) Leerzeichen unterlegt sind, können die Adressen weder verlagert noch kopiert werden. Es ist die Aufgabe Ihrer Schüler, die vollständige Anschrift neu über die Tastatur einzugeben. Mit dieser Vorgehensweise wird gleichzeitig sichergestellt, daß in diesen Lektionen ein Minimum an eigenaktiven Schreibprozessen der Schüler gewährleistet ist.

Bevor Sie an die Erarbeitung der Lektion 3.2.5 gehen, kann es für Ihre Schüler sehr hilfreich sein, wenn auf die Bedeutung dieser Zeile als ein Mittel rationeller Arbeitsweise abgehoben wird.

Der Vollständigkeit halber haben wir die Bezugszeichenzeile - wie auch später alle Briefe - mit einem Datum versehen. Es versteht sich von selbst, daß dieses Datum, wie auch alle anderen, von Ihnen natürlich aktualisiert werden kann. Uns nur auf den Hinweis „heutiges Datum" zu beschränken, erschien uns aus didaktischer Sicht nicht sehr sinnvoll.

In allen Beispielen mußten wir aus programmtechnischen Gründen den im Geschäftsbrief vorgedruckten Text der Bezugszeichenzeile durch Striche ersetzen, die der Orientierung dienen, da die aktuellen Diktatzeichen und Leitangaben eine Zeile darunter geschrieben werden. Dabei ist lt. DIN-Regel darauf zu achten, daß das

erste Schriftzeichen zu Beginn des Leitwortes - in unseren Beispielen unter dem ersten Strich) stehen muß.

In Lektion 3.2.6 wird die Betreffangabe ohne und mit Behandlungsvermerken eingeführt. Wie Ihnen sicher bekannt ist, darf nach den neuen DIN-Vorschriften das
Wort „Betreff" nicht mehr geschrieben werden. Es ist in den Briefformularen auch
nicht mehr vorgedruckt. Die Betreffangabe ist nach zwei Leerzeilen - gerechnet ab
den Leitwörtern - zu schreiben. Eine Betreffangabe wird stets ohne Satzzeichen geschrieben und beginnt an der Fluchtlinie. Bei längeren Betreffangaben sollte der
Text sinngemäß auf mehrere Zeilen verteilt werden.

Für die Behandlungsvermerke gibt es zwei Möglichkeiten der Darstellung: Sie können in Höhe von 50^0 neben das Anschriftenfeld gesetzt werden, wobei die Zeile
nicht verbindlich vorgeschrieben wurde. Entscheidet man sich für diese Anwendung, ist es sinnvoll - und auch praxisnah - hierfür die letzte Zeile des Anschriftenfeldes zu wählen. Die zweite Möglichkeit schließt den Behandlungsvermerk an die
Betreffangabe an. Außerdem können Behandlungsvermerke hervorgehoben werden, wobei die Hervorhebungen (Sperren, Umschaltfeststeller benutzen, Fettdruck
usw.) ganz individuell zu handhaben sind. Die Art der Hervorhebung richtet sich
im Wesentlichen nach der Bedeutung, die ihm der Verfasser des Briefes zukommen
lassen will. Die Lektion 3.2.7 hat den Briefschluß nach DIN zum Inhalt. Zur
Orientierungshilfe haben wir den Schlußsatz des Textes mitgeschrieben. Die Beispiele führen vom einfachen Briefschluß, der nur die Grußformel und den Namen
beinhaltet, hin zu den Erweiterungen, wie beispielsweise zweizeiliger Firmenname
oder zwei Unterschriften. Auf der Begleitdiskette befinden sich die Arbeitsvor-
lagen zur Erfolgssicherung des neu gelernten Stoffes[*].

---

[*] Die nachfolgenden Anschriftenbeispiele zeigen nur einen kleinen Ausschnitt der
auf Diskette abgelegten Übungen. Zusätzlich sind auf der Begleitdiskette erweiterte Übungsaufgaben und der Lösungsblatt für alle Anschriften abgelegt.

Beispielübungen zum 9zeiligen Anschriftenfeld

(Option: < Strg-E > V = JA - Vorhandenes Überschreiben)

```
.Beförderungsvermerke
.Leerzeile
.Anrede (Berufsbezeichnung)
.(akad. Titel) Vor- und Zuname
.Straße und Hausnummer (Postfach)
.Leerzeile
.PLZ und Wohnort
.Leerzeile
.Bestimmungsland (Ausland)
```

LEKTION 3.2.1 Die einfache Anschrift

(B2_1L.TXT - B2_3L.TXT / B2_1S.TXT - B2_3S.TXT)

```
.
.
Herrn
Volker Mahlich
Am Bahndamm 2
.
2175 Cadenberge
.
.
```

LEKTION 3.2.2 Die erweiterte Anschrift

```
Eilzustellung
.
Fräulein
Angelika Wurmser
bei Familie Feuerstein
Karlsbader Allee 7
.
7400 Tübingen
.
```

LEKTION 3.2.3 Die Auslandsanschrift

Hinweis: Der Bestimmungsort und das Bestimmungsland sollten bei der Aus-
            landsanschrift in der Landessprache geschrieben werden, z. B. LIEGE
            = Lüttich, THESSALONIKI = Saloniki, FIRENZE = Florenz.

```
.
.
.
Monsieur Roger Laterrère
Expert en assurances
7, rue des Bouchots
.
F-89460 CRAVANT
.
FRANCE
```

```
Correo aéreo
.
.
Señor Pedro Rodriguez
Agencia de viajes
124, Avenida Don Miguel
.
CORDOBA
ARGENTINA
```

ñ = < Alt-164 >

LEKTION 3.2.4 Ungegliederte Anschriften

```
.                              Am Oberen Marktplatz 134,
.                              Frau, 7 000 Stuttgart 1,
.                              Wilhelmine Harm, Dr.,
.                              Studienrätin
.
.
.
.
.
```

LEKTION 3.2.5 Übungen zur Bezugszeichenzeile   (= B2_5.TXT)

1. Übung:

```
--------------      --------------    --------    ----------
                    me-ko             3 21        03.05.91

--------------      --------------    --------    ----------
```

2. Übung:

```
--------------      --------------    --------    ----------
bi-bl 08.05.91      fr-rei            3 47        14.05.91

--------------      --------------    --------    ----------
```

3. Übung:

```
--------------      --------------    --------    ==========
ba-s 14.05.91       gp-li 05.05.91    4 81        24.05.91

--------------      --------------    --------    ----------
```

LEKTION 3.2.6 Betreffangabe *ohne* und *mit* Behandlungsvermerk

(= B2_6L.TXT und B2_6S.TXT)

1. Aufgabe:

Bezugszeichenzeile
Leitangaben

Angebot über Computertische

Anrede

Textbeginn

2. Aufgabe:

```
.Beförderungsvermerke
.Leerzeile
.Anrede (Berufsbezeichnung)
.(akad. Titel) Vor- und Zuname
.Straße und Hausnummer (Postfach)
.Leerzeile
.PLZ und Wohnort
.Leerzeile
.Bestimmungsland (Ausland)                      Eilt
```

---

3. Aufgabe:

Bezugszeichenzeile
Leitangaben

Personalratssitzung W I C H T I G

Anrede

Textbeginn

LEKTION 3.2.7 Unterschiedliche Grußformen nach DIN
(= B2_7L.TXT und B2_7S.TXT)

Aufgabe 1:

...sobald ich die Untersuchungen abgeschlossen habe, werde ich meinen Bericht vorlegen.

Hochachtungsvoll

Sabine Schmidt

Aufgabe 2:

Wir werden Ihnen daher die Couchgarnitur schon am kommenden Dienstag liefern können.

Mit freundlichen Grüßen

Stahlmeister & Co.

Schreiber

Aufgabe 3:

...daher sollten Sie diesen Termin unbedingt wahrnehmen.

Mit besten Empfehlungen

Druckerei Letter GmbH

ppa.

Stolpe

Aufgabe 4:

Bitte prüfen Sie die beigefügte Police sorgfältig.

Mit vorzüglicher Hochachtung
Gebäudeversicherung Feuer & Wasser

ppa.   i. V.

Altmann   Londe

3.3   UE 3: Didaktische und methodische Überlegungen

Baustein: Briefgestaltung
           Lektion 3.3.1 bis 3.3.12

Thema: Normgerechte Geschäftsbriefe im For-
           mat DIN A4

Funktion: Der Geschäftsbrief als sozial genormtes
           Kommunikationsmittel

Wir sind bereits in den Vorbemerkungen zu diesem Kapitel darauf eingegangen, daß es in der Sekundarstufe I unmöglich sein wird, die Vielzahl der Briefbeispiele der Reihe nach zu erarbeiten. Die von Ihnen zu treffende Auswahl sollte sich allerdings von dem methodischen Grundsatz „vom Leichten zum Schweren" leiten lassen.

Alle Briefbespiele bis hin zur Lektion 3.3.12 sind kontinuierlich **dreiteilig** aufgebaut. Wir erwähnen es deshalb, weil es uns aus Platzgründen nicht möglich ist, diesen Aufbau für alle Briefbeispiele darzustellen, darüber hinaus würde sich auch ein gerüttelt Maß an Monotonie beim Lesen dieses Kapitels einstellen.

Aus diesem Grunde haben wir uns auf zwei gegensätzliche Darstellungsweisen beschränkt, die wir an dieser Stelle am Beispiel der Lektion 3.3.1 bis 3.3.3 beschreiben. Vorab wollen wir erwähnen, daß wir am Ende dieser Lektionsbeschreibungen einen zweiten methodischen Weg für Sie aufzeigen.

Die Lektion 3.3.1 - als erster Teil der erwähnten Dreigliedrigkeit, s. S. 169 - besteht aus einer einfachen Textvorlage in Form eines Angebotes. In der Reihenfolge der zu bearbeitenden Briefelemente sind alle Informationen dem eigentlichen Brieftext vorangestellt, einschließlich des Briefschlusses und der Anlagen. Dort, wo es uns notwendig und sinnvoll erscheint, wird dieser Informationsteil durch die Rubrik „Arbeitshinweise" ergänzt. Bei der Übernahme in den nächsten Frame dürfen die Kommata nicht mehr erscheinen, die - bedingt durch ihren Aufzählungscharakter - in der Textvorlage enthalten sind. Innerhalb des ungegliederten Textes sind

Abschnittskennzeichnungen (◄┘) angebracht, die später durch einen harten Zeilen-umbruch ersetzt werden sollen. Da es sich in dieser Lektion um den ersten zu be-arbeitenden Geschäftsbrief handelt, raten wir Ihnen, den Text als Tischvorlage an die Hand der Schüler zu geben. Ihre Schüler laden nunmehr die Lektion 3.3.1 (zweiter Teil) auf den Bildschirm und haben in Form von schraffierten Linien be-reits einen fertigen Brief vor Augen. Als erstes ist nun die Option <Strg-E>V = Ja zu wählen. Danach können Ihre Schüler entweder selbständig oder mit Ihrer Hilfe die einzelnen Elemente den Schraffuren zuordnen, sie überschreiben und da-mit den Text sinnvoll gestalten.

Das in der Lektion 3.3.1 (dritter Teil) enthaltene Lösungsblatt dient nicht nur Ih-rer Unterrichtsvorbereitung, sondern kann nach Beendigung der Schülerarbeiten von Ihren Schülern als Kontrollblatt herangezogen werden.

Der Inhalt der Lektion 3.3.2 weist den gleichen Schwierigkeitsgrad auf und dient der vertiefenden Übung und Anwendung. Die Arbeitsvorlage für Ihre Schüler (3.2.1) enthält allerdings keinerlei Vorgaben mehr. Zu diesem Zweck wird die Briefmaske B1_3.FW3 auf den Bildschirm gebracht. Wie Sie sehen, endet die Brief-maske mit der Bezugszeichenzeile. Aufgabe Ihrer Schüler ist es nun, das Gelernte aus der vorangegangenen Lektion auf diesen Brief zu übertragen und ihn nach Möglichkeit ohne Fremdhilfe normgerecht zu gestalten. Die Lektion 3.3.2 enthält wiederum den fertigen Brief und kann zur Vergleichskontrolle von Ihren Schülern herangezogen werden.

Die Briefbeispiele enthalten - unter dem Aspekt der Koppelung von Einführung und Lernzielkontrolle - ansteigende Schwierigkeitsgrade. In den Lektionen 3.3.3 bis 3.3.4 finden Sie Texte mit Behandlungsvermerken. Für den Fall, daß Sie diese be-reits separat mit Ihren Schülern erarbeitet haben, müßte es ausreichen, in einem kurzen Unterrichtsgespräch die Vorgehensweise in Erinnerung zu rufen.

Die Briefbeispiele in den Lektionen 3.3.5 bis 3.3.6 setzen als inhaltlichen Schwer-punkt die Verwendung des Tabulators. Nachdem die Schüler die Briefmaske B1_3.FW3 auf ihrem Bildschirm haben, verändern sie bei geschlossenem Frame die Voreinstellung von fünf Schreibschritten des Tabulators durch <Strg-T>T. In der Nachrichtenzeile des Bildschirmes erscheint die Ziffer 5 hell unterlegt. Ihre Schüler geben nun die Ziffer 10 ein und schließen diesen Vorgang mit <Return> ab.

In den Lektionen 3.3.7 bis 3.3.8 sind sowohl Anlagen als auch Verteilervermerke zu schreiben. Auf diese Verteilervermerke sind wir bei der Erarbeitung der einzelnen Briefelemente nicht eingegangen, da sie einen rein kaufmännischen Bezug haben. Außerdem erscheint es uns wenig sinnvoll, die Vielzahl der für die Schüler bis dahin fremden Elemente mehr als unbedingt notwendig zu erweitern. Zum jetzigen Zeitpunkt können wir aber davon ausgehen, daß zumindest ein Teil der Informationen gesichert ist. Ihre Schüler werden wahrscheinlich mühelos damit zurecht kommen, da sie ja in der Plazierung der Anlagen bereits geübt sind und somit die Verteilervermerke als eine logische Erweiterung erkennen werden. So verbleibt Ihnen lediglich der Hinweis, daß die Verteilervermerke den Anlagen mit einem Abstand von einer Leerzeile folgen. Auch sie können bei Bedarf unterstrichen werden. Beim Textumfang haben wir darauf geachtet, daß die Verteilervermerke linksbündig an der Fluchtlinie geschrieben werden können.

Die Briefbeispiele der Lektionen 3.3.9 bis 3.3.10 enthalten Texte mit „Betreff" und „Teilbetreff". In diesen Lektionen ist unseres Erachtens nach auf die grundsätzliche Bedeutung beider Elemente abzuheben: Die Betreffangabe bezieht sich generell auf den *gesamten Inhalt* eines Briefes, der Teilbetreff dagegen immer nur auf *einen* - wie der Name schon sagt - *Briefteil*. Daher ist es möglich, daß er in einem Gesamttext mehrfach angewandt werden kann. In beiden Fällen stellt er immer eine stichwortartige Inhaltsangabe dessen dar, was dann folgt. Der Teilbetreff beginnt an der Fluchtlinie, muß unterstrichen werden und ist mit einem Punkt abzuschließen, im Gegensatz zum Betreff, welcher weder unterstrichen noch mit einem Satzzeichen versehen werden darf. Der dem Teilbetreff folgende Text wird unmittelbar angeschlossen. Ob man vor der Nennung des Teilbetreffs eine Leerzeile setzt oder nicht, ist eine rein inhaltliche Frage, die sich aus dem Sinnzusammenhang eines Textes ergeben muß.

Für die Lektionen 3.3.11 bis 3.3.12 sehen wir eine Textlänge vor, die das Schreiben der Anlagen an der Fluchtlinie unmöglich macht. Hierbei erfahren die Schüler, daß für solche Fälle in den DIN-Vorschriften alternative Lösungen vorgesehen sind: Sowohl der Anlagen- als auch der Verteilervermerk müssen nunmehr auf Grad 50 in Höhe der Grußformel geschrieben werden.

Die Lektionen 3.13 bis 3.14, die nur auf der Begleitdiskette enthalten sind, enthalten einen Brieftext mit Fortsetzungsblatt. Der Schüler lernt in dieser Übung, daß es zwei Möglichkeiten der Kennzeichnung von Fortsetzungsblättern gibt: Handelt es sich um nur *ein* Fortsetzungsblatt, genügt es, nach der zuletzt geschriebenen

Zeile eine Leerzeile zu setzen und danach auf der Höhe von Grad 60 den Hinweis auf das nächste Blatt durch drei Punkte zu kennzeichnen. Sollte es sich jedoch um *mehrere* Blätter handeln - beispielsweise bei der Anfertigung eines Vertrages - müssen diese Blätter ab der zweiten Seite durchnumeriert werden. In unserem Beispiel gehen wir davon aus, daß das zweite und alle folgenden Blätter ohne Aufdruck sind.

Die Seitennumerierung wird unter Verwendung des Mittestriches - bei Grad 40 beginnend - in der 5. Zeile geschrieben (z. B. -2-). Die so gekennzeichneten Seiten müssen durch eine Leerzeile vom nachfolgenden Text abgetrennt werden. Allein die Lektion 3.14 beinhaltet ein Lösungsbeispiel zum Bereich der besonderen Schriftstücke. Zur Begründung und Erläuterung dieser Briefgestaltungsform verweisen wir auf die Vorbemerkungen zu Kapitel 3, S. 145.

Die zweite Möglichkeit

Sie beschränken sich bei der von uns beschriebenen Vorgehensweise auf die ersten beiden Briefbeispiele. Danach händigen Sie Ihren Schülern keine Tischvorlagen mehr aus, sondern Sie lassen neben der Textvorlage (erster Teil) den Brief direkt daneben auf dem Bildschirm entstehen. Bevor Sie nun mit der eigentlichen Arbeit beginnen, ist es aus Gründen der besseren Übersicht empfehlenswert, die Tabulatoren aus der Textvorlage zu entfernen, da Ihr Frameausschnitt sich ja halbiert und Sie außerdem ständig zwischen beiden Frames hin und her wechseln müssen. Korrekterweise wollen wir Sie aber an dieser Stelle darauf aufmerksam machen, daß eine solche Arbeitsweise im praktischen Unterricht nur mit kleinen und hochmotivierten Schülergruppen möglich ist.

Sie gehen folgendermaßen vor:

1. Mit Hilfe der Tasten <F3> (= Position) und <F4> (= Größe), sowie den Cursortasten und der Taste <F9> verkleinern Sie den Frame „Textvorlage" so weit, daß er nur noch die linke Hälfte des Bildschirmes einnimmt.

2. Sie laden die Briefmaske 1.5, verfahren mit ihr genauso, wie unter Punkt 1 beschrieben und setzen diesen Frame rechts daneben. Damit befinden sich beide Frames angepaßt auf Ihrem Bildschirm. Vergewissern Sie sich noch einmal, ob für beide Frames die Option <Strg-E>U = Ja eingeschaltet ist.

3.   Bevor Sie nun mit der eigentlichen Arbeit beginnen, wählen Sie zusätzlich
     für den rechten Frame die Option „Vorhandenes überschreiben" = Ja
     (<Strg-E>V). Danach gestalten Sie das Anschriftenfeld und ergänzen die
     Bezugszeichenzeile hinsichtlich aller notwendigen Leitangaben.

     Hinweis: Da die Briefmaske bis zur Bezugszeichenzeile mit unsichtbaren
                Zeichen unterlegt ist, können Sie diese beiden Teile weder ver-
                lagern noch kopieren, ohne daß Ihnen die Maske auseinander-
                bricht.

4.   Nach den Leitangaben setzen Sie im rechten Frame durch dreimaliges Betä-
     tigen der <Return>-Taste die Position für die Anrede. Danach wechseln
     Sie in die Textvorlage über. Mit Hilfe der Tasten <F6> (= Auswahl) und
     <F8> (= kopieren), holen Sie die Anrede in den rechten Frame herüber.
     Mit <Return> geben Sie den Kopierbefehl frei.

5.   In gleicher Weise verfahren Sie nun mit dem ungegliederten Text.

6.   Bearbeiten Sie den Text, indem Sie zunächst nur bei den Abschnittskenn-
     zeichnungen durch die <Return>-Taste einen harten Umbruch vorneh-
     men, und entfernen Sie bitte auch die dazugehörenden „◄┘-Symbole". Zu
     diesem Zeitpunkt könnte Ihr Text in einigen Bereichen noch recht „ausge-
     franzt" aussehen.

7.   Bevor Sie sich jetzt der Trennhilfe bedienen, markieren Sie den gesamten
     Text mit der Taste <F6> und verfahren wie auf S. 29f. beschrieben.

8.   Lesen Sie den Text Korrektur und verändern Sie ihn dort, wo Sie mit der
     vorgeschlagenen Trennhilfe nicht einverstanden sind.

9.   Schließlich kopieren Sie den Briefschluß und evtl. vorhandene Anlagen oder
     Verteilervermerke und ordnen diese richtig an.

Wenn Sie zum Abschluß Ihrer Arbeit die Option <Strg-E>U erneut aufrufen,
werden die „unsichtbaren Zeichen" nicht mehr zur Ansicht gebracht. Damit tritt
an die Stelle von „≈" ein ganz korrekter Trennungsstrich.

Auf die in diesen 9 Schritten beschriebene Art und Weise ist mit allen Briefbeispielen zu verfahren. Alle Briefbeispiele sind in drei verschiedenen Versionen auf der Begleitdiskette abgelegt, wie an der Textvorlage B3_1 demonstriert werden soll:
1)   Aufgabenstellung als Arbeitsvorlage für die Schüler:
                                        Kennung: B3_1V.TXT
2)   Schülerarbeitsblatt: Kennung: B3_1S.TXT
3)   Lösungsblatt: Kennung: B3_1L.TXT
Dies gilt natürlich auch für den Fall, wenn Sie aus den beiden von uns vorgeschlagenen Wegen eine Mischform wählen und im Wechsel die Briefbeispiele einmal in der einen und einmal in der anderen Weise mit Ihren Schülern erarbeiten.

LEKTION 3.3.1   Textvorlage: Angebot   (= B3_1V.TXT)

```
Anschrift:              Schulmöbelfabrik Tisch & Stuhlert, Postfach
                        13 72 11, 3171 Ribbesbüttel

Bezugszeichenzeile:     Ihre Zeichen,
                        Ihre Nachricht vom: re-ma  06.09.91,
                        Unsere Zeichen,
                        unsere Nachricht vom:  po-ga, Telefon: 4 39,
                        Datum: 29.09.1991

Betreff:                Angebot über A4- und A5-Briefblätter

Anrede:                 Sehr geehrte Damen und Herren

Briefschluß:            Mit freundlichen Grüßen, Enorm in Form, Büro-
                        mittelausstattung, i. A., Pollhagen

Anlagen:                1 Informationsschrift

Text:                   Mit Ihrem Schreiben baten Sie uns um ein An-
                        gebot über A4- und A5-Briefblätter. Wir dan-
                        ken Ihnen für das Vertrauen, das Sie unserem
                        Hause entgegenbringen.◄ Als Anlage erhalten
                        Sie eine Informationsbroschüre, die Ihnen
                        einen kleinen Eindruck vermitteln soll, wie
                        die moderne Graphik heute Briefblätter ge-
                        staltet. Die darin enthaltenen Beispiele sind
                        keineswegs als starre Vorgabe zu betrach-
                        ten.◄ Selbstverständlich können sich unsere
                        Fachleute Ihren individuellen Vorstellungen
                        und Wünschen anpassen. Für weitere Auskünfte
                        stehen wir Ihnen gerne zur Verfügung.
```

Schülerarbeitsblatt   (= B3_1S.TXT)
                                              Option: <Strg-E>V = Ja

```
                    Feld für Briefkopf
```

```
  ┌ ▼                                    ┐



    xxxxxxxxxxxxxxxx
    xxxxx x xxxxxxxx
    xxxxxxxx xx xx xx

    xxxx xxxxxxxxxxxx


  └                                     ┘


    --------------    ---------------    ---------    ----------
    xxxxx xxxxxxxx     xxxxx             x xx         xxxxxxxx


    xxx xxx xxxxxxxxxxxxxxx


    xxxx xxxxxxx xxxxx xxx xxxxxxx

    xxx xxxxx xxxxxxxx xxxxx xxx xxx xx xxx xxxxxxx xxxx xxx xxx
    xxxxxxxxxxxxxxx xxx xxxxxx xxxxx xxx xxx xxxxxxxxxx xxx xxx
    xxxxxxxx xxxxx xxxxxxxxxxxxxxxx

    xxx xxxxxx xxxxxxxx xxx xxxx xxxxxxxxxxxxxxxxxxxxxxxxxx xxx xxxxx
    xxxxx xxxxxxx xxxxxxxx xxxxxxxxx xxxxx xxx xxx xxxxxxx xxxxxxx
    xxxxx xxxxxxxxxxx xxxxxxxxxx xxx xxxxx xxxxxxxxxxx xxxxxxxxx
    xxxx xxxxxxxxxx xxx xxxxxx xxxxxxx xx xxxxxxxxxxx

    xxxxxxxxxxxxxxxxx xxxxxx xxxx xxxxxx xxxxxxxxx xxxxx xxxxxxxxx
    xxxxx xxxxxxxxxxxxx xxx xxxxxxxx xxxxxxxxx xxx xxxxxxx xxxxxxx
    xxx xxxxxx xxx xxxxx xxxxx xxx xxxxxxxxxx

    xxx xxxxxxxxxxx xxxxxx

    xxxxx xx xxxx
    xxxxxxxxxxxxxxxxxxxxxx

    xx xx

    xxxxxxxxx

    xxxxxxx
    x xxxxxxxxxxxxxxxxxxxx
```

Lösungsblatt   (= B3_1L.TXT)

Feld für Briefkopf

┌ ▼   ┐

Schulmöbelfabrik
Tisch & Stuhlert
Postfach 13 72 11

3171 Ribbesbüttel

└   ┘

---------------   ---------------   --------   ----------
re-ma 06.09.91   po-ga   4 39   29.09.91

A4- und A5-Briefblätter

Sehr geehrte Damen und Herren,

Mit Ihrem Schreiben baten Sie uns um ein Angebot über A4- und
A5-Briefblätter. Wir danken Ihnen für das Vertrauen, das Sie unserem Hause entgegenbringen.

Als Anlage erhalten Sie eine Informationsbroschüre, die Ihnen
einen kleinen Eindruck vermitteln soll, wie die moderne Graphik
heute Briefblätter gestaltet. Die darin enthaltenen Beispiele
sind keineswegs als starre Vorgabe zu betrachten.

Selbstverständlich können sich unsere Fachleute Ihren individuellen Vorstellungen und Wünschen anpassen. Für weitere Auskünfte
stehen wir Ihnen gerne zur Verfügung.

Mit freundlichen Grüßen

Enorm in Form
Büromittelausstattung

i. A.

Pollhagen

Anlagen
1 Informationsschrift

LEKTION 3.3.2   Annahmeverzug

(= B3_2V.TXT, B3_2S.TXT, B3_2L.TXT)

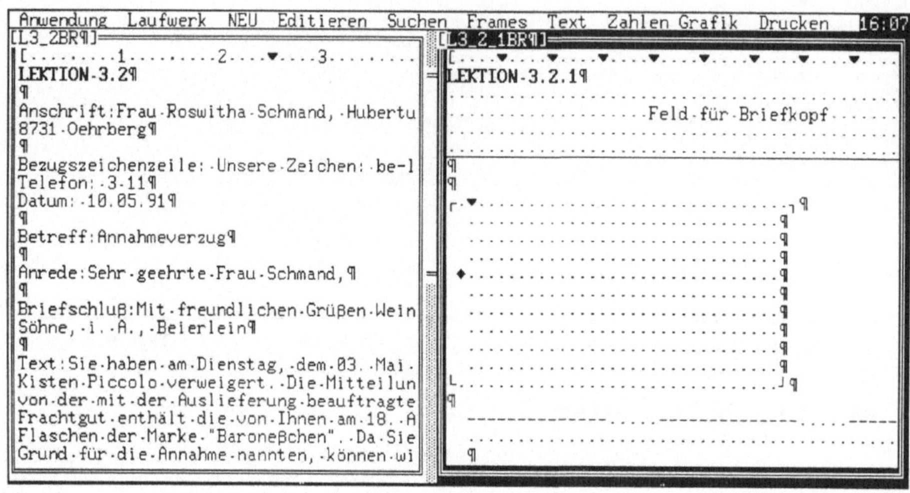

Abb. 3.1:   Textvorlage Annahmeverzug
                   (= B3_3_2V.TXT, B3_3_2S.TXT, B3_3_2L.TXT)

LEKTION 3.3.3   Textvorlage mit Behandlungsvermerk
                       (= B3_3V.TXT, B3_3S.TXT, B3_3L.TXT)

Feld für Briefkopf

Anwaltskanzlei
Recht & Ordnung
z. H. Frau Dr. Schwendemann
Philisterstraße 7

3000 Hannover   Vertraulich

--------------   --------------   --------   ----------
                  mp-el   29 47 89   23.05.91

Bitte um Auskunft

Sehr verehrte Frau Doktor Schwendemann,

seit geraumer Zeit sucht unsere Kanzlei einen fähigen Juristen,
der sich im Bereich Patentanwaltschaft spezialisiert hat.

Nunmehr liegt uns u. a. die Bewerbung eines Dr. Timo Schöller
vor, der in seinen Unterlagen erwähnt, in Ihrem Hause seine Re-
ferendarzeit absolviert zu haben. Sie würden uns zu großem Dank
verpflichten, wenn Sie uns über die Eignung von Dr. Schöller einige Auskünfte erteilen könnten. Beispielsweise wäre für uns von
Interesse zu erfahren, ob er bei Ihnen im Bereich Patente tätig
war und ob er darüber hinaus auch mit Europapatenten einschlägige Erfahrungen sammeln konnte.

Es bedarf wohl keiner zusätzlichen Versicherung meinerseits, daß
Ihre Auskünfte selbstverständlich streng vertraulich behandelt
werden. In ähnlich gelagerten Fällen darf ich Sie bitten, ebenso
über uns zu verfügen.

Mit bestem Dank für Ihre Unterstützung empfehle ich mich Ihnen
und Ihrem Hause.

Mit kollegialem Gruß

Anwaltskanzlei
Zeisig & Erben

ppa.

Dr. Dietrich

LEKTION 3.3.4   **Textvorlage mit Behandlungsvermerk**
                            (= B3_4V.TXT, B3_4S.TXT, B3_4L.TXT)

```
                                         Feld für Briefkopf
```

```
 ┌ ▼                              ┐


   Herrn
   Alexander Klein
   Kopernikusweg 1

   3139 Timmeitz


 └                           ┘

   --------------    --------------    -------    ----------
                     bo-03            5 27
```

Hausratsversicherung   W i c h t i g

Sehr geehrter Herr Klein,

anbei erhalten Sie eine Aufstellung über den Wert Ihres Hausra-
tes mit der freundlichen Bitte, diese gründlich zu überprüfen.
Wie Sie Ihrem Versicherungsvertrag entnehmen können, wird Ihnen
bei einer entsprechenden Versicherungssumme der Wiederbeschaf-
fungspreis gezahlt, der heute bei einer 4köpfigen Familie zwischen 75 000 und 1 000 000 DM beträgt. Prüfen Sie bitte, ob die
damals abgeschlossene Versicherungssumme zur Deckung Ihres Haus-
rats heute tatsächlich noch ausreichen würde. Dabei sollten Sie
berücksichtigen, daß ein Neuanschaffungspreis durchschnittlich
zwischen 25 bis 40 % höher anzusetzen ist.

Für Rückfragen stehen wir Ihnen selbstverständlich gerne zur
Verfügung. Außerdem können Sie sich mit unserem für Sie zustän-
digen Bezirksvertreter, Herrn Seibold, ins Benehmen setzen. Er
wird selbstverständlich gerne einen Termin für ein individuelles
Beratungsgepräch mit Ihnen vereinbaren.

Mit freundlichen Grüßen

Fortuna-Versicherungs-AG

i. V.

Bogner

<u>Anlage</u>
1 Aufstellung

LEKTION 3.3.5   **Textvorlage mit horizontaler Gliederung**
(= B3_5V.TXT, B3_5S.TXT, B3_5L.TXT)
Feld für Briefkopf

Einschreiben - persönlich

Eisenwerke
Werner Stahl KG
Industriestraße 45

4630 Bochum

------------   --------------   --------   ----------
                 z-kn   47 11   04.03.91

Unser Liefervertrag

Sehr geehrter Herr Stahl,

Mit großer Besorgnis stellen wir fest, daß Sie in der Vergangenheit fest zugesicherte Lieferfristen wiederholt nicht eingehal-
ten haben.

Es stehen rund 20 000 Tonnen Bleche, die bereits Ende Februar
bei uns hätten eintreffen sollen, zur Lieferung aus. Wir können
ein solches Verhalten Ihrerseits nicht länger hinnehmen, besonders dann nicht, wenn kein Grund für diese Lieferschwierigkeiten
von Ihnen genannt wird.

Wenn die uns zugesagten Rohstoffe von Ihnen nicht umgehend ge-
liefert werden, entstehen uns die größten Schwierigkeiten mit
unseren anderen Vertragspartnern. Wir ersuchen Sie daher nach-
drücklich, alles daran zu setzen, um

        bis spätestens 18. März d. J. wenigstens
        10 000 Tonnen

zu liefern. Die Restlieferung unseres Auftrages erwarten wir
dann im Laufe des Monats April.

Mit freundlichen Grüßen

Apparatebau AG

ppa.

Dr. Zink

LEKTION 3.3.6   **Textvorlage**
mit horizontaler Gliederung und Hervorhebung
(= B3_6V.TXT, B3_6S.TXT, B3_6L.TXT)
Feld für Briefkopf

```
Herrn
Dipl.-Kfm. Peter Seitzler
Postfach 23 11 39

5291 Niedergaul
```

```
--------------     ---------------     --------     ----------
s-p 04.04.91       h-ls                34 56-17     12.04.91
```

Aufschrift auf Postsendungen

Sehr geehrter Herr Seitzler,

als Anlage erhalten Sie die von Ihnen erbetenen Unterlagen, aus
denen Sie alles Wissenswerte über eine postordnungsgemäße Be-
schaffenheit der Aufschriften einer Postsendung ersehen können:

      Merkblatt über Formen und Maße, Aufschrift und
      Außenseite der Briefsendungen

      Faltblatt "Die Post informiert über Aufschrift
      und Absenderangabe der Postsendungen".

Wir hoffen, daß Sie in unseren Informationsschriften auch Ihr
spezielles Anliegen beantwortet finden. Für weitere Auskünfte
steht Ihnen Ihr Postamt, besonders die Kundenberatung, gerne zur
Verfügung.

Mit freundlichen Grüßen

Gelber Postservice

i. A.

Holbert

2 Anlagen

LEKTION 3.3.7   **Textvorlage mit Verteilervermerk**
(= B3_7V.TXT, B3_7S.TXT, B3_7L.TXT)

Feld für Briefkopf

Pädagogische Hochschule
Schwäbisch Gmünd
z. H. Herrn Dr. Plieninger
Oberbettringer Straße 200

7070 Schwäbisch Gmünd

---

pl-ni 10.05.91   th-ka 03.05.91   6 88   13.05.91

Anmeldung zum Computerlehrgang V/III
vom 10. - 13.06. d. J.

Sehr geehrter Herr Doktor Plieninger,

aufrichtigen Dank für Ihre schnelle Antwort auf meine Anfrage.
Hiermit melde ich unsere Kollegin, Frau Sigrid Mandel, zu dem
o. g. Lehrgang verbindlich an.

Frau Mandel wird mit eigenem PKW anreisen. Ich muß Sie allerdings um die Gefälligkeit bitten, ihr für die Dauer des Lehrganges in der Nähe der Pädagogischen Hochschule ein Einzelzimmer
mit Frühstück der mittleren Preisklasse zu vermitteln, da ihr
nicht zuzumuten ist, die weite Strecke täglich zurückzulegen.

Für Ihre Bemühungen bedanke ich mich im voraus recht herzlich.

Mit freundlichen Grüßen

Georg Thaler

<u>Anlagen</u>
1 Anmeldeformular

<u>Verteiler</u>
1. Personalbüro
2. Buchhaltung

LEKTION 3.3.8   **Textvorlage mit Verteilervermerk**
(= B3_8V.TXT, B3_8S.TXT, B3_8L.TXT)

Feld für Briefkopf

Lebensmittelgroßhandlung
Schlemmer & Co.
z. H. Herrn Friedrich Koscher
Hafenstraße 3

2950 Leer

---

sch-f 15.01.91   k-zi   36 21 96   18.01.91

Ihre Rechnung vom 14. Dezember 1990

Sehr geehrter Herr Koscher,

zunächst danke ich Ihnen für die schnelle und zuverlässige Ausführung meines Auftrags. Um so mehr bedauere ich Ihre Mahnung
wegen der längst fällig gewordenen Rechnung. Wie ich Ihnen bereits gestern telefonisch mitteilte, hätte ich diese Mahnung
sehr gerne vermieden. Ich danke Ihnen an dieser Stelle noch einmal für Ihr Verständnis für meinen augenblicklichen finanziellen
Engpaß.

Ich habe heute meine Buchhaltung angewiesen, Ihnen eine Ab-
schlagszahlung in Höhe von 1 200 DM auf die ausstehende Rechnung
zu überweisen. Den Restbetrag in Höhe von 1 500 DM erhalten Sie,
wie abgesprochen, zu Beginn des nächsten Monats.

Für Ihr verständnisvolles Entgegenkommen nochmals meinen aufrichtigen Dank.

Hochachtungsvoll

Feinkost Kluge

Kluge

<u>Verteiler</u>
Buchhaltung

LEKTION 3.3.9   Textvorlage mit Teilbetreff
                      (= B3_9V.TXT, B3_9S.TXT, B3_9L.TXT)

```
Feld für Briefkopf
```

```
┌ ▼                             ┐
  Einschreiben

  Herrn
  Dipl.-Ing. Armin Leusch
  Mülldorfer Weg 6

  5200 Siegburg                    W i c h t i g

└                      ┘

  --------------    --------------    --------    ----------
                    wi-mi             3 25        29.05.91


  Kreatix-Werke Siegburg-Kaldauen


  Sehr geehrter Herr Leusch,

  diesem Schreiben beigeschlossen erhalten Sie die Durchschrift
  des Angebots an die Firma Kreatix-Werke mit allen technischen
  Unterlagen für Ihre Verhandlung. Es erübrigt sich, ausdrücklich
  zu betonen, daß wir größtes Interesse an diesem Auftrag haben.
  Daher kann ich Ihnen einen begrenzten Spielraum einräumen:

  Preisstellung. Unser Vollautomat QC1 liegt, bedingt durch seine
  Gesamtverbesserung, im Preis höher als vergleichbare Konkurrenz-
  fabrikate. Sollte der Preis ein Hindernis bei der Auftragser-
  teilung darstellen, können Sie einen Nachlaß bis zu 12 % an-
  bieten.
  Zahlungsbedingungen. Obligatorisch wäre eine Anzahlung von
  12 000 DM bei Auftragserteilung. Bieten Sie unter Umständen ein
  3-Monats-Akzept an.
  Lieferzeit. Die Lieferzeit wird sich kaum verkürzen lassen. Äu-
  ßerstes Zugeständnis wäre eine Lieferzeit von acht Wochen.

  Mit freundlichen Grüßen

  MASCHINENBAU KG

  i. A.

  Willich

  Anlagen
  1 Durchschrift
```

LEKTION 3.3.10   **Textvorlage mit Teilbetreff**
(= B3_10V.TXT, B3_10S.TXT, B3_10L.TXT)

Feld für Briefkopf

Herrn
Dr. med. Martin Baumann
Hochbergstraße 5

7021 Sielmingen

---------------   ---------------   ---------   ----------
b-do 26.04.91   kr-is   5 06   06.05.91

Ihre Bestellung

Sehr geehrter Herr Doktor Baumann,

vielen Dank für Ihre Bestellung.

<u>Allzweckwagen Nr. 8953-211.</u> In den nächsten 8 bis 10 Tagen geht
Ihnen der Allzweckwagen von unserem Hauptauslieferungslager aus
zu. Wir wünschen Ihnen damit viel Vergnügen.

<u>Die Gartenstühle Nr. 4739-041.</u> Bedauerlicherweise sind die Stüh-
le zur Zeit nicht am Lager. Wir hoffen aber, diese in spätestens
3 - 4 Wochen nachliefern zu können. Wir bitten um Ihr Verständnis für diesen Engpaß.

<u>Klapptisch Nr. 4751-001.</u> Dieser Tisch kann mühelos zusammenge-
klappt und als zusätzlicher Hocker verwendet werden. Er ist aus-
gesprochen stabil und aus massiver Esche gefertigt.

Wir hoffen, daß die Teillieferung Ihren Vorstellungen entspricht
und wünschen Ihnen einen regen Gebrauch.

Mit freundlichen Grüßen

Versandhaus Nachtmann & Co.

ppa.

Krauske

LEKTION 3.3.11   Textvorlage mit Anlagen 50^0
(= B3_11V.TXT, B3_11S.TXT, B3_11L.TXT)

Feld für Briefkopf

____

┌ ▼   ┐

Frau
Adelheid Schreiber
Prinzregentenstraße 26/II

8000 München 1

└   ┘

-----------------   ----------------   --------   ----------
S-V 06.02.91   M/A   23 95 36   19.02.91

Export von Kunststoffmatten

Sehr geehrte Frau Schreiber,

unser Produktionsprogramm umfaßt ausschließlich Kunststoffe. Dazu gehören selbstverständlich auch eine Vielzahl von Artikeln
für den Naßzellenbereich.

Aus dem Programm "Badespaß" möchten wir besonders unsere Sprungbrettläufer aus Doppelgewebe, Badematten aus Spezialmaterial und
Kabinen- und Duschvorhänge aus Buntgewebe hervorheben. Es versteht sich von selbst, daß dieses Material nicht nur eine besondere Festigkeit aufweist sondern auch licht- und farbbeständig
ist. In deutschen und ausländischen Badeanstalten sind augen-
blicklich ca. 3000 Sprungbrettläufer in Gebrauch. Unserem Hause
war es möglich, bisher über 8000 Badematten zu exportieren.

Wir senden Ihnen mit diesem Brief mehrere Gutachten, die unsere
Erzeugnisse ausnahmslos als vorzüglich und praktisch bezeichnen.
Leider waren wir in der vorigen Saison mit den erzielten Umsät-
zen auf dem skandinavischen Markt nicht zufrieden. Daher wenden
wir uns heute mit dem Vorschlag an Sie, die Vertretung unserer
Erzeugnisse in den nordischen Ländern zu übernehmen.

Mit freundlichen Grüßen   <u>4 Anlagen</u>

Kunststoffabrik
Kurt Dehninger GmbH

ppa.

Wunderlich

LEKTION 3.3.12   Textvorlage mit Anlagen 50°
                    (= B3_12V.TXT, B3_12S.TXT, B3_12L.TXT)

Feld für Briefkopf

Kaufhaus
M. Tell & Töchter KG
Marktplatz 11

5569 Pützborn

----------------   ----------------   --------   ----------
                    bu-lo   48 57 39   12.03.91

Angebot an Porzellan- und Keramikwaren

Sehr geehrte Damen und Herren der Geschäftsleitung,

am 19. Februar d. J. haben wir im Zentrum der Stadt Köln, direkt
an der Einfahrt zum neuen Industriezentrum eine Filiale unseres
Geschirrgroßhandelsunternehmen eröffnet. Wir sind nunmehr in der
Lage, im Bedarfsfall noch schneller liefern zu können. Außerdem
eröffnete uns der neue Standort die Möglichkeit einer noch größeren Lagerhaltung. Unser Haus führt alle auf dem europäischen
Markt vertretenen Pozellanfabrikate in gewohnter Qualität.

Darüber hinaus haben wir uns im südfranzösischen und südspani-
schen Raum nach geeigneten Herstellern rustikaler Keramikwaren
erfolgreich umgesehen. Es versteht sich von selbst, daß wir auch
hier auf gediegene Qualität und beste Verarbeitung größten Wert
gelegt haben. Der beigefügte Katalog wird Sie bestimmt davon
überzeugen, daß wir nicht zu viel versprechen.

Es würde uns freuen, wenn Sie zunächst durch einen kleineren
Auftrag die Absatzmöglichkeiten für unsere Artikel bei Ihren
Kunden erprobten.

Mit freundlichen Grüßen   <u>Anlagen</u>
                                               1 Katalog
Porzellan & Keramik   1 Preisliste
Kurt Töpfer

ppa.

Bukowa

3.4   UE 4: Didaktische und methodische Überlegungen

> **Baustein:** Briefgestaltung
>   Serienbrief und Datenbank
>
> **Thema:**   Verknüpfung von Text und Datenbank
>
> **Funktion:** Rationelle Arbeitsweisen und struktu-
>   rierende Elemente kennenlernen

Nach Erarbeitung des Geschäftsbriefes in seiner ganzen Vielfalt werden die Schüler in dieser Lektion mit der rationellen Arbeitsweise eines Serienbriefes bekannt gemacht. Zu diesem Zweck haben wir eine Datenbank mit 40 Adressen eingerichtet. Für den Fall, daß Sie diese Datenbank erweitern wollen, gilt die gleiche Vorgehensweise, wie bei der Tabelle für die Straßennamen, Kapitel 3, Lektion 3.1.1, Seite 149f., bereits beschrieben.

Um überhaupt einen Serienbrief erstellen zu können, müßten Sie üblicherweise auf zwei unterschiedliche Programme zurückgreifen, einmal auf die Textverarbeitung und zum andern auf die Datenbank, die hier - stark vereinfacht ausgedrückt - die Funktion eines Zettelkastens oder eines Adreßbüchleins übernimmt. Zahlreiche auf dem Markt befindliche Textverarbeitungsprogramme bieten für die Erstellung eines Serienbriefes lediglich eine „Pseudo-Datenbank" an, die zwar Adressen speichern und unter Umständen sortieren kann. Bei der Hauptaufgabe einer jeden Datenbank, der Selektion von Daten, versagen sie aber kläglich. Deshalb kommen in aller Regel spezifische Datenbankprogramme wie dBASE zum Einsatz, die aber über eine eigene Bedienungsoberfläche und Menüstruktur, mit dem damit automatisch verbundenen Einarbeitungsaufwand, verfügen. Das bedeutet in der praktischen Anwendung, daß eine Verknüpfung von Datenbankinhalten und Fließtext oftmals zu einem wahren Puzzlespiel gerät, welches nicht nur sehr zeitaufwendig, sondern auch sehr nervenaufreibend sein kann.

Haben Sie dagegen die erste Hürde von FRAMEWORK genommen und sich ein wenig mit der erforderlichen Menüstruktur und der entsprechenden Bedienungsoberfläche vertraut gemacht, lernen Sie die Vorzüge dieses *integrierten* Systems mehr und mehr schätzen. FRAMEWORK stellt Ihnen eine integrierte, leistungsstarke Datenbank zur Verfügung, die die gleiche Bedieneroberfläche hat, wie das Textverarbeitsmodul und die Tabellenkalkulation bzw. die Geschäftsgrafik. Das eröffnet die Möglichkeit, Daten, gleich welcher Art, ohne Umwege direkt aus einer Datenbank in Texte, Tabellen oder Grafiken einbinden zu können.

Wir können und wollen in diesem Buch keine Einführung in das Datenbankmodul von FRAMEWORK leisten. Dessen Verständnis ist aber für den effektiven Einsatz von Serienbriefen - wie auch für die Arbeit mit den auf der Begleitdiskette zur Verfügung gestellten Datenbanken - unerläßlich, weshalb wir auf entsprechende Literatur im Literaturverzeichnis verweisen. Dennoch erscheint uns die Erklärung einiger weniger grundlegender Begriffe für das weitere Verständnis notwendig zu sein. Vordringlichster Sinn und Zweck einer Datenbank ist das Sammeln, Strukturieren und Auswählen (= Selektieren) von Daten, den jeweils unterschiedlichen Bedürfnissen des einzelnen Anwenders entsprechend. Üblicherweise haben Datenbanken die Form einer zweidimensionalen Matrix, ein wenig einem karierten Blatt Papier vergleichbar:

	Datenfeld	
Datensatz	Eingabefeld	

Name	Vorname	Wohnort
Mandel	Sigrid	Heidenheim
Plieninger	Martin	Heidenheim

Datensatz: Ein Datensatz ist die Gesamtheit aller Informationen eines konkreten Vorgangs. Um es am Beispiel der obigen Beispieldatenbank zu erläutern: In der **horizontalen** Sichtweise (= Zeile) eines Datensatzes werden *alle verschiedenen* zu einer Adresse gehörenden Einzelinformationen als einheitlich Ganzes gesehen, wie „Name", „Vorname" und „Wohnort" von Sigrid Mandel.

Datenfeld: Ein Datenfeld kategorisiert in einer **vertikalen** Sichtweise (= Spalte) *alle gleichartigen* Informationen (z. B. Name oder Wohnort) über alle Datensätze hinweg. Ihm wird üblicherweise in der ersten Zeile ein kennzeichnender *Datenfeldname* vorangestellt.

Eingabefeld: Das Eingabefeld (= Zelle) enthält als Schnittpunkt von horizontaler Datensatzstruktur und vertikaler Datenfeldstruktur die ganz konkrete Einzelinformation, also beispielsweise nicht mehr nur Vorname, sondern konkret: Sigrid, nicht mehr nur Postleitzahl, sondern konkret 7000.

Im Gegensatz zu allen anderen Computerprogrammen ist es die spezifische Aufgabe einer Datenbank, dem Benutzer die Möglichkeit des Selektierens von Daten zu eröffnen. Mit anderen Worten, aus der Gesamtzahl der in einer Datenbank vorhandenen Informationen treffen Sie eine bestimmte Auswahl und legen auch die Kriterien für diese Auswahl fest.

Aufbau der Datenbank „ADRESSEN.FW3":   (= ADRESSEN.FW3)

Bis auf zwei Datenfelder entspricht die Beispieldatenbank den Vorerwartungen, die man gegenüber einem „elektronischen Adreßbuch" hat. Sie entsprechen in ihrer Umsetzung der klassischen Adressenliste. Wenn Sie nun mit dem Cursor die einzelnen Spalten ansteuern, werden Sie bemerken, daß die Datenbank zwischen der Anrede und der Postleitzahl zwei zusätzliche Spalten enthält, deren Bedeutung sich nicht auf den ersten Blick erschließt: „r" und „n". Diese beiden Spalten beziehen sich ausschließlich auf den männlichen Adressatenkreis. Sowohl im 9zeiligen Anschriftenfeld, als auch in der Anrede muß man nach Geschlechtern differenzieren. Im Anschriftenfeld muß in der 3. Zeile „Herrn" stehen, im Gegensatz zur Anrede, wo das „n" entfällt. Dafür heißt es dort nicht „geehrte" sondern „geehrter". Das ist der Grund, weshalb diese beiden Spalten das „r" und „n", der jeweiligen Anrede entsprechend, führen oder nicht. Dabei ist der Datenfeldname mit nachfolgender Formel unterlegt, die dies selbsttätig managt:

„r":	@if(ANREDE="Herr",r:="r")
„n":	@if(ANREDE="Herr",n:="n")

Grundsätzlich gilt bei der Arbeit mit Datenbanken das Bestreben, jeden Eintrag nur einmal einzugeben. Fragen der Datenintegrität machen dies fast zwingend, denn wenn die gleiche Sachinformation mehrfach eingegeben werden muß, lassen sich Fehler prinzipiell nicht vermeiden.

Bei unserer Beispieldatenbank ergibt sich nun bei der Anrede das Problem unschöner Leerstellen bei wechselndem Geschlechtsbezug. Dem können Sie vorbeugen, indem Sie das Schlüsselwort **<Optional>** benutzen. Dieser Befehl hat eine „Ausgleichsfunktion" und verhindert gegebenenfalls eine unerwünschte Leerstelle. Ist man auf solche geschlechtsspezifischen Unterscheidungsmerkmale angewiesen, muß man „<Optional>" sowohl im Anschriftenfeld als auch in der Anrede beim Rückverweis auf die verwendeten Datenfelder zum Ausdruck bringen.

Das spezifische Element eines Serienbriefes wird nun dadurch gekennzeichnet, daß ein prinzipiell beliebiger Brief geschrieben werden kann. Da er sich aber mit unterschiedlichen Einzelinformationen an verschiedene Empfänger richtet, muß er über Variablen verfügen, an deren Stelle beim Ausdruck die entsprechende Information der jeweils zugemischten Datenbank tritt. In FRAMEWORK werden nun als Variablen die in Spitzklammern gesetzten Datenfeldnamen - auch mehrfach - verwendet, wie die untenstehenden Beispiele und der Musterbrief zeigen. Dabei gilt:

> **Datenfeldnamen sind grundsätzlich in Spitzklammern (< >) zu setzen!**

Anschriftenfeld: 3. Zeile: <Anrede> <Optional> <n>
Anrede: Sehr geehrte <Optional> <r> <Anrede> <Name>,

Vorgehensweise:

1.   Zunächst laden Ihre Schüler die ungegliederte Textvorlage B4_2_V.FW3, danach die Briefmaske B1_3.FW3 und passen beide in gleicher Weise an, wie auf Seite 167 beschrieben. Das 9zeilige Anschriftenfeld wird nun mit den Teilen versehen, die als Feldnamen aus der Datenbank übernommen werden sollen:

     3. Zeile: <Anrede>
     4. Zeile: <Vorname> <Name>
     5. Zeile: <Straße>
     7. Zeile: <PLZ> <Ort>

2. Danach schreiben Ihre Schüler die Leitangaben zur Bezugszeichenzeile, den
    Betreff und den Beginn der Anrede:
    „Sehr geehrte <Anrede> <Name>,".

3. Die nachfolgende Textgestaltung wird durch Ihre Schüler in gewohnter Wei-
    se vorgenommen. Ist diese Arbeit getan, kann die ungegliederte Textvorlage
    vom Bildschirm entfernt werden.

4. Die Schüler laden nun die Datenbank „ADRESSEN.FW3". Da sich ein Se-
    rienbrief grundsätzlich an alle sichtbaren Datensätze einer Datenbank richtet,
    ist es in aller Regel notwendig, eine Auswahl zu treffen, das heißt mit ande-
    ren Worten, die Datensätze müssen gefiltert (= selektiert) werden. Ein Bei-
    spiel soll dies verdeutlichen: Angenommen, ein Serienbrief soll sich nur an
    Frauen richten. In diesem Fall gehen Ihre Schüler mit der <F11>-Taste auf
    den Rahmen des Datenbankframes, drücken die <F2>-Taste (= Formel),
    schreiben in die Arbeitszeile **Anrede = „Frau"** und schließen diesen Vor-
    gang in gewohnter Weise mit <Return> ab. Die Datenbank enthält jetzt
    nur noch 5 (weibliche) Anschriften, die nunmehr mit dem Serienbrief ver-
    knüpft werden können.

    Hinweis: Soll dieser Arbeitsschritt rückgängig gemacht werden, betätigt
    man <Strg-F> Ö und die Datenbank enthält wieder alle 40 Da-
    tensätze.

5. Falls darüber hinaus der Wunsch besteht, die Namen alphabetisch ordnen zu
    wollen, um beispielsweise die Briefe in entsprechender Reihenfolge auszu-
    drucken, geht man folgendermaßen vor: Sie gehen mit der <F12>-Taste in
    den Frame hinein. Mit den Cursortasten steuert man das Datenfeld an, wel-
    ches sortiert werden soll und wählt danach die Option <Strg-S>V (= auf-
    steigend sortieren).

6. Nachdem die Datensätze gefiltert wurden, gehen Ihre Schüler auf den Rah-
    men des Serienbriefframes und wählen die Option <Strg-A>T (= Text mi-
    schen). **Sie geben den Namen der korrespondierenden Datenbank, hier:
    ADRESSEN.FW3 ein.** Die Eingabe wird mit <Return> abgeschlossen. Un-
    mittelbar darauffolgend, werden alle in der Datenbank sichtbaren Datensätze
    ausgedruckt.

Serienbrief   (= SERIENBR.FW3)

Feld für Briefkopf

```
<Anrede><Optional><n>
<Vorname> <Name>
<Straße>

<PLZ> <Ort>
```

ca-pa   11 26 31   23.03.91

Sommerkatalog   WICHTIG

Sehr geehrte<Optional><r> <Anrede> <Name>,

wir freuen uns, Ihnen heute unseren neuen Katalog für Sommermo-
den vorstellen zu können. Sie werden überrascht sein von dem
reichhaltigen Angebot schöner Modelle für unsere anspruchsvolle
Kundschaft. Unsere Einkäufer haben die Modelle auf in- und ausländischen Modeschauen entdeckt und für Sie, geehrte<Optio-
nal><r> <Anrede> <Name>, ausgewählt. Unsere Modellkleider beziehen wir von namhaften Modehäusern, mit denen wir seit Jahren gut
zusammenarbeiten. Diese Häuser reservieren die von uns ausgesuchten Modelle, so daß wir Ihnen in jeder Beziehung etwas Besonderes anbieten können.

Unser Katalog ist so aufgebaut, daß Sie ohne langes Suchen die
Modellgruppe finden, die Ihren Vorstellungen entspricht. Darüber
hinaus zeigen wir zu jedem Modell das modische Beiwerk. Wir wissen, daß für Sie, <Anrede> <Name>, die Harmonie von Stoff, Farbe
und Schnitt ausschlaggebend sein wird für Ihr Urteil. Wir sind
davon überzeugt, auch Ihren Geschmack getroffen zu haben. Ein
Besuch in unserem Hause sollte sich anschließen, damit wir Ihnen
das Gewünschte zeigen können. Wir sichern Ihnen schon heute besten Service durch unsere fachlich geschulten Mitarbeiter zu.

Mit den besten Empfehlungen   <u>Anlage</u>
                                                1 Katalog
Modehaus Chic & Eleganz

ppa.

Claasen

3.5   UE 5: Didaktische und methodische Überlegungen

Baustein:	Briefgestaltung Textbausteine zum Mahnverfahren
Thema:	- Briefgestaltung mit Hilfe von Text- bausteinen - Verknüpfung von Textbausteinen und Datenbank als Serienbrief
Funktion:	Vertiefende Kenntnis rationeller Ar- beitsweisen

Texthandbücher - sorgfältig erstellt - ermöglichen einen optimalen Einsatz bei der Bewältigung anfallender Korrespondenz und führen damit in der Praxis zu einer erheblichen Arbeitserleichterung, denn sind sind sowohl für die Schreibkraft als auch für den Sachbearbeiter ein rationelles Arbeitsmittel. Außerdem gilt es zu berücksichtigen, daß sich mit fortschreitender Leistungsqualität von Textverarbeitungsprogrammen auch die Zuständigkeitsbereiche und Aufgabengebiete zum Teil stark verändert haben. Wenn in der Praxis Argumente gegen die Verwendung von Textbausteinen angeführt wurden, hatte die Forderung nach individueller Behandlung und Gestaltung eines jeden Briefes eine gewisse Priorität. Dem gilt entgegenzusetzen, daß die Qualität eines Briefes durch variantenreiche Formulierungen sich stets ähnelnder Aussagen erreicht wird, was eine individuelle Kombination von Textbausteinen ebenso zu leisten vermag. So reicht die Bandbreite eines Textbausteines von der kleinsten Textphrase bis hin zu komplexen Textinhalten. Ein zweites Argument kommt aber noch hinzu: Die kombinierte Benutzung von Korrespondenzhandbüchern und Textbausteinen stellt sicher, daß ein Brief auch alle ihn konstituierenden Elemente enthält, daß wesentliche Teile nicht vergessen oder in einen falschen Sinnzusammenhang gebracht werden können. Insofern garantieren Textbausteine die erfolgreiche Kommunikation zwischen Brief-Schreiber und Brief-Empfänger. Nicht zuletzt sind auch Fragen des Layouts, womöglich im Zusammenhang mit einem „corporate-idendity-Konzept" einer Firma, angesprochen.

Nach Gochla (1981) lassen sich daher 4 Grundtypen der Korrespondenz klassifizieren:

1. der Serienbrief
2. der Ganzbrief
3. der Baustein-Brief
4. die Formulararbeiten

Ein gutes Text- oder Korrespondenzhandbuch muß daher zunächst einmal inhaltlich vollständig sein. Das setzt eine ständige Überprüfung und auch Ergänzung bereits vorhandener Inhalte voraus. Sein Aufbau muß eindeutig und seine Darstellung klar und übersichtlich sein.

Erst diese Vorgaben gewähren eine leichte Handhabung. Will man also ein Texthandbuch erstellen, gilt es zunächst einmal, über einen längeren Zeitraum hinweg eine Sammlung der angefallenen Korrespondenz in Form von Kopien anzulegen. Danach erfolgt eine Grobgliederung in Sachgebiete oder Fachbereiche. Dem wiederum muß eine inhaltliche Analyse folgen. Als letzten Schritt kann dann eine Feingliederung vorgenommen werden mit der anschließenden Übernahme in einen Textbaustein.

Mit den Textbausteinen zum Mahnverfahren kann in dieser Lektion nicht das geleistet werden, was in der Industrie Standard ist. Dort erfolgt die Festlegung des Mahnverfahrens im sogenannten Debitorenstammsatz der Buchhaltung. In diesem Debitorenstammsatz sind alle für das Mahnwesen erforderlichen Informationen, wie beispielsweise Zahlungsziele, Sonderregelungen, Mahnrhythmus in Tagen, Anzahl möglicher Verzugstage usw. enthalten. Ein separates Mahnprogramm „läuft" gewissermaßen über diesen Debitorenstammsatz und prüft ihn selbständig. Ein Schreibauftrag durch einen Sachbearbeiter - wie dies früher der Fall war - ist somit hinfällig. Der industrielle Standard kennt im allgemeinen 7 Mahnstufen. Sind im Debitorenstammsatz keine besonderen Kennzeichnungen enthalten, beginnt das Mahnprogramm mit der untersten Mahnstufe. Alle weiteren Mahntexte erfolgen in Abhängigkeit zu der neu zu ermittelnden Mahnstufe bis hin zur letzten. Im Gegensatz dazu können wir lediglich eine Grundtendenz möglicher Verfahrensweisen aufzeigen.

Zu diesem Zweck stellen wir Ihnen eine kleine - aber sicherlich repräsentative - Auswahl von Textbausteinen zum Mahnverfahren, verknüpft mit dem Programm

„BAUSTEIN.FW3" zur Verfügung. Im Bereich der Sekundarstufe I halten wir es nicht für ratsam, diese Textbausteine *inhaltlich* mit Ihren Schülern gemeinsam zu erarbeiten, da jegliche kaufmännische Voraussetzungen dafür fehlen. Wie immer Sie auch verfahren wollen, alle Textbausteine sollten Ihren Schülern in Form eines kleinen „Korrespondenzhandbuches" zur Verfügung stehen.

Ihre Schüler gehen folgendermaßen vor: Sie laden die Briefmaske B1_3.FW3 und das Steuerprogramm für die Textbausteine „BAUSTEIN.FW3" in den Arbeitsspeicher. Bei der Durchsicht des Korrespondenzhandbuches treffen Sie eine Auswahl der in Frage kommenden Textbausteine. Wird „BAUSTEIN.FW3" vom Cursor angesteuert, erscheint in der Formelzeile die Aufforderung: „; Mit F5 AKTIVIEREN!"

1. Ihre Schüler betätigen zunächst die Taste <F5>, um das Programm „BAUSTEIN.FW3" zu aktivieren. Anschließend steuern sie die bereits geladene Briefmaske an und gehen mit <F12> in sie „hinein".

2. Mit der Cursortaste bewegen sie sich an die Stelle der Briefmaske, an welche der Textbaustein eingelesen werden soll.

3. Nach Betätigen von <Alt-b> erscheint in der Nachrichtenzeile die Aufforderung, den Namen des ausgewählten Textbausteins einzugeben. Der Vorgang wird mit <Return> abgeschlossen.

Damit wird der ausgewählte Textbaustein von der Diskette oder Festplatte in die Briefmaske kopiert. Die Schritte 2 und 3 wiederholen Ihre Schüler so lange, bis das Mahnschreiben inhaltlich vollständig gestaltet ist.

Hinweis: Unter Umständen müssen Laufwerk und Pfad von „BAUSTEIN.FW3" verändert werden, um die Funktionsweise sicherzustellen und die aktuellen Gegebenheiten zu berücksichtigen. Siehe hierzu die Ausführungen auf S. 210.

Es gehört zu den Gepflogenheiten industriellen Standards, jedes Mahnschreiben - unabhängig von der Mahnstufe - mit umseitiger Textfloskel TBVIII als Zusatz zu versehen. Darüber hinaus kann man diesen Mahnbrief zusätzlich als Serienbrief verwenden s. S. 183ff.).

3.5.1 Grafische Darstellung exemplarischer Textbausteine anhand eines Mahnschreibens

Das vorliegende Beispiel soll zwei Funktionen erfüllen:

Zum einen soll es exemplarisch einen kleinen Ausschnitt der auf der Begleitdiskette zur Verfügung gestellten Textbausteine zum Mahnwesen aufzeigen. Die Gesamtheit der zur Verfügung gestellten Textbausteine kann ohne größeren Aufwand im Unterricht zu einem Korrespondenzhandbuch „Mahnwesen" - zusammen mit den Schülern - aufbereitet werden. Zum zweiten kann an der vertikalen Abfolge der einzelnen Bausteine die Entwicklung eines vollständigen Briefes nachvollzogen werden, wobei wir aus Platzgründen auf den Briefkopf verzichten und mit dem Betreff beginnen:

Nummer des Bausteins	Textphrase
TBII1	Zahlungserinnerung Ihre Rechnung vom #Datum#
TBIII3	Sehr geehrte Damen und Herren,
TBIV3	es ist sicherlich nur ein Versehen, unsere im Betreff genannte Rechnung noch nicht zur Zahlung angewiesen zu haben.
TBVI3	Bitte überweisen Sie den fälligen Betrag zum Ausgleich Ihres Kontos in den nächsten Tagen.
TBVIII	Sollten Sie den fälligen Betrag inzwischen zur Zahlung angewiesen haben, bitten wir Sie, dieses Schreiben als gegenstandslos zu betrachten.
TBIX1	Mit freundlichen Grüßen Obst & Gemüsegroßhandlung Herbert Boskop

Tab. 3.2:   Grafische Darstellung der Textbausteine eines Mahnschreibens

Vorbemerkungen

Auf der Grundlage unserer praktischen Erfahrungen empfehlen wir - für den Bereich der Sekundarstufe I - diesem Komplex im Interesse der Schüler einen breiten zeitlichen Rahmen einzuräumen. Eine fächerverbindende Zusammenarbeit mit den Kollegen des Deutschunterrichts bietet sich an, sie kann jedoch nicht immer und überall als gegeben vorausgesetzt werden.

Das Be*werbungs*schreiben zählt zwar in der Klassifizierung zu den Halbprivatbriefen, es ist aber vom Charakter her ein *Werbe*brief, in welchem der Verfasser seine Arbeitskraft unter einem möglichst günstigen Aspekt anbietet. Diese Briefform unterliegt in ihrem formalen Aufbau im Wesentlichen den DIN-Regeln, wie Sie auch für den Geschäftsbrief gelten.

In einem Unterrichtsgespräch sollten Ihre Schüler erfahren, daß dieses Bewerbungsschreiben im Grunde den Charakter eines Begleitbriefes für die übrigen mitzuversenden Unterlagen hat. Es gibt dem Bewerber die Möglichkeit, auf den einen oder anderen Bestandteil noch einmal ausdrücklich hinzuweisen, es darf aber niemals als Ersatz des Lebenslaufes dienen. Zu einer vollständigen Bewerbung gehören demnach:

1.   der Begleitbrief,
2.   der Lebenslauf,
3.   die Zeugniskopien,
4.   ein Lichtbild.

Ihre Schüler erfahren, daß es vielfältige Möglichkeiten gibt, von Fall zu Fall den richtigen Lebenslauf zu verfassen. Er muß allerdings immer adressatenbezogen sein. Für seine Erstellung existieren keine bindenden Vorschriften; man richtet sich vielmehr nach gewohnheitsmäßigen Gepflogenheiten.

Das eröffnet Ihren Schülern natürlich auch die Möglichkeit, einen Lebenslauf zu verfassen, wie es vor ihnen noch keiner tat. Ein solches Vorhaben ist allerdings keine Garantie dafür, beim zukünftigen Arbeitgeber auch auf Gefallen zu stoßen.

Der bessere, oder auch solidere Weg ist sicherlich, ihn so zu schreiben, daß seine Akzeptanz vorausgesetzt werden kann und ihn dennoch ein wenig aus dem Rahmen fallen zu lassen. Daß man sich eine Menge kleiner Dinge einfallen lassen kann, um seinem Lebenslauf eine individuelle Ausprägung zu geben, wollen wir an wenigen ausgesuchten Beispielen in dieser Unterrichtseinheit veranschaulichen.

Keinesfalls sollte das Kreativitätsbestreben der Schüler so weit gehen, blaues Papier mit roter Tinte zu verwenden. Das würde zwar zunächst Aufmerksamkeit erregen, ob sich aber damit auch der Erfolg verbindet, den der Verfasser sich erhofft, erscheint uns zumindest fraglich.

Mit Sicherheit können wir davon ausgehen, daß der Lebenslauf in den Personalabteilungen als Kernstück einer vollständigen Bewerbung gesehen wird. Dabei ist es unbedeutend, ob er ausführlich oder in Form einer Tabelle verfaßt wurde. Für Schüler der Sekundarstufe I empfehlen wir - da sie ja erst am Beginn eines beruflichen Werdegangs stehen - der Tabelle den Vorzug zu geben. Wichtig ist nur, daß die Schüler erkennen, welche Bedeutung einem Lebenslauf zukommt. Der Personalchef einer Firma benötigt ihn, um sich einen Gesamtüberblick über die Person des Bewerbers zu verschaffen. Hierbei können eine Vielzahl von Fakten enthalten sein, die nicht immer durch Zeugnisse zu belegen sind. Dieser Umstand eröffnet dem Bewerber die Möglichkeit, mit der Form und Gestaltung seines Lebenslaufs weitere Pluspunkte zu sammeln.

So ist beispielsweise der Lebenslauf der Teil einer Bewerbung, der bei erster Durchsicht dazu dient, die „Spreu vom Weizen" zu trennen. Es ist allgemein üblich, eine Art Klassifizierung zu erstellen, welche die Bewerber in eine erste, zweite und dritte Kategorie einordnet, wobei letztere ernsthaft nicht in Betracht gezogen wird. Ein nicht zu unterschätzendes Kriterium sind dabei fehlerhafte oder gar schlampig verfaßte Bewerbungen. Ihre Schüler müssen also wissen, daß nur eine einwandfreie und in Aufmachung und Form ansprechende Bewerbung ein Vorstellungsgespräch möglich macht.

Es ist üblich, für den Lebenslauf ein weißes unliniertes Blatt im DIN A4-Format zu verwenden und - beim handschriftlichen Lebenslauf - mit Füllfederhalter zu schreiben. Von dieser Vorgabe, die nun einmal Standard ist, sollte man nicht abweichen.

Die Frage, welche Form von Ihren Schülern zu wählen ist, beantwortet sich allein durch die Vorgabe der Firma, bei der sich ein Schüler bewerben will. Folgende Formulierungen haben wir aus Stellenangeboten herausgefunden:

-    mit ausführlichem Lebenslauf
-    mit tabellarischem Lebenslauf
-    mit Lebenslauf
-    mit handgeschriebenem ausführlichem Lebenslauf
-    mit handgeschriebenem tabellarischem Lebenslauf
-    mit den üblichen Bewerbungsunterlagen

Für welche Form sich die Schüler im „Ernstfall" entscheidet, es kommt in jedem Fall auf eine ausgewogene Aufteilung des Blattes an, um einen guten optischen Eindruck zu erwirken.

Im Gegensatz zum Geschäftsbrief lernen Ihre Schüler nun wesentliche Unterschiede der formalen Gestaltung:

1.   Es gibt keine Anrede.
2.   Ein Gruß entfällt.
3.   Der Lebenslauf endet linksbündig mit Ort und Datum.
4.   Die Unterschrift (Vor und Zuname) wird linksbündig darunter ge setzt.

Der ausführliche Lebenslauf wird in Form eines chronologisch gegliederten Aufsatzes in grammatikalisch korrekten Sätzen geschrieben. Er muß alles Wesentliche enthalten und - was unseren Schülern oftmals schwer fällt - durchgängig sachlich in der Darstellung sein.

Mit dem tabellarischen Lebenslauf drückt sich eine Form des Lebenslaufes aus, in der Daten und Fakten in einer übersichtlichen Tabelle chronologisch den Lebensweg des Verfassers aufzeigen. Sein bestechender Vorteil liegt nicht zuletzt in der besseren Übersichtlichkeit, die eine schnellere Auswahl der Bewerber zu läßt.

Wir haben bei den Beispielen zum Lebenslauf eine Gliederung in vier Punkten gewählt:

1.   Persönliche Daten
2.   Schulbildung und Studium
3.   Berufspraxis und (oder) Weiterbildung
4.   Besondere Fähigkeiten und Kenntnisse

Dabei ist uns selbstverständlich bewußt, daß in der Sekundarstufe I der dritte Punkt entfallen muß. Seine Aufnahme liegt in der Vollständigkeit der Abfolge begründet.

Was gehört nicht in einen Lebenslauf?

Mit dieser Frage wird man im Unterrichtsalltag direkt oder indirekt immer wieder konfrontiert. Sie ernst zu nehmen, sollte uns aus pädagogischer Sicht heraus selbstverständlich sein. Die Vielzahl an Literatur, die zum Komplex Bewerbungsschreiben auf dem Markt ist, geht in der Regel immer von einem Idealfall aus und gaukelt damit eine „Heile-Welt-Situation" vor, die zwar aus ethischer Sicht erstrebenswert, aber leider nicht mehr selbstverständlich für unser Gesellschaftsbild ist. So kann beispielsweise ein Schüler in große Not geraten, wenn er sich scheinbar gezwungen sieht, in seinem Lebenslauf auszudrücken, daß seine Eltern geschieden sind oder er selbst unehelich geboren wurde. An zweiter Stelle rangieren die Arbeitslosigkeit des Vaters oder finanzielle Probleme in der Familie. Hier müssen wir ernsthaft und in aller Deutlichkeit Stellung beziehen: **Auf keinen Fall darf ein Lebenslauf Fakten enthalten, die der Leser zum Nachteil des Bewerbers interpretieren kann.** Die Klärung so persönlicher Sachverhalte sollte - falls dies für notwendig erachtet wird - dem Vorstellungsgespräch vorbehalten bleiben.

4.1   UE 1: Didaktische und methodische Überlegungen

> **Baustein:** Lebenslauf
> Lektion 4.1.1 bis 4.1.5
>
> **Thema:** Anfertigen von Lebensläufen
>
> **Funktion:** Erfahrung, daß der Lebenslauf nicht
> den Vorschriften nach DIN 5008 un-
> terliegt

In den Lektionen 4.1.1 und 4.1.2 stellen wir zwei Formen eines tabellarischen Lebenslaufes vor. Sie unterscheiden sich vor allem dadurch, daß der erste dreispaltig, der zweite dagegen zweispaltig geschrieben wurde. Darüber hinaus wollen wir mit diesen Beispielen unterstreichen, daß es keineswegs zwanghaft vorgeschrieben ist, als Überschrift immer nur „Lebenslauf" zu wählen. Auch Formulierungen wie „Werdegang", „Lebensweg", „Bildungsgang" oder „Bildungsweg" sind durchaus möglich.

Schüler, die sich außerstande sehen, hier Eigenleistungen zu erbringen, können diese beiden Tabellenformen als exakte Vorlage nehmen und diese durch ihre persönlichen Daten ersetzen. Der kreative Schüler hingegen wird in beiden nicht mehr als eine Anregung zu eigenem Schaffen und Gestalten sehen.

In den Lektionen 4.1.3 und 4.1.4 haben wir die Erzählform des Lebenslaufes gewählt. Gerade bei dieser Form sind nicht nur Schüler in Gefahr, vom Wesentlichen abzuschweifen und sich in unwesentlichen Details zu verlieren. Außerdem setzt diese Form eine gewisse Sprachgewandtheit voraus. Es gilt, variabel im Wortschatz zu sein, und die Regeln der Ausdruckslehre zu beachten, die Kürze und Klarheit verlangen. So klingt es beispielsweise absolut nicht angemessen, wenn jemand das „Licht der Welt erblickt", sechs Jahre danach Schulbildung „genießt" und später wenigstens zweimal „tritt" - nach „Absolvierung" der Schule ins Berufsleben und dann in den Stand der Ehe.

4.1.1   Tabellarischer Lebenslauf I   (= LB4_1_1.TXT)

<u>Werdegang</u>

Nachname:		Klinzmann
Vornamen:		<u>Ulrike,</u> Katharina
Geburtsdatum:		28. Februar 1975
Geburtsort:		7921 Nattheim
Staatsangehörigkeit:		deutsch
Konfession:		evangelisch
Wohnort:		7920 Heidenheim
		Hauptstraße 128
Telefon:		(07321) 55 37 66
Eltern:		Erich Klinzmann,
		Bankkaufmann,
		Henriette, geb. Holup
		Sekretärin
Geschwister:		Dieter, 19 Jahre
		Angela, 10 Jahre
Schulen:	81 - 85	Grundschule in Nattheim
	85 - 86	Hauptschule in Nattheim
	seit 86	Realschule in Heidenheim
		voraussichtlicher Abschluß:
		mittlere Reife
Freiwillige		
Weiterbildung:	3 Jahre	Arbeitsgemeinschaft in
		Maschinenschreiben
	1 Jahr	Spanisch an der Volkshoch-
		schule in Heidenheim
Neigungsfächer:		Biologie, Mathematik
Hobbies:		Reiten, Schlittschuhlaufen,
		Töpfern
Berufswunsch:		Pferdewirtin

Heidenheim, 25.10.1991

(Unterschrift)

4.1.2   Tabellarischer Lebenslauf II   (= LB4_1_2.TXT)

L E B E N S B I L D

PERSÖNLICHE DATEN

Name	<u>Maria</u> Anette Weigel geb. Vetter
geboren	23.03.57 in Illwangen
Familienstand	verheiratet seit 12.06.80 2 Kinder, 7 und 9 Jahre
Wohnung	Lindenstraße 48, 7750 Konstanz

SCHULBESUCH

Grund- und Hauptschule	63 - 72	Schillerschule Illwangen
Berufsbildende Schulen	72 - 74	Berufsbildende Schule Wirtschaft, 7798 Pfullendorf
	74 - 75	Höhere Handelsschule 7798 Pfullendorf

BERUFSAUSBILDUNG

Lehrzeit	75 - 77	Ausbildung zur Industrie- kauffrau auf dem Weingut "Lichte Höhe" in 7758 Meersburg
Lehrgänge	77 - 78	Sekretärinnenlehrgang der DGB-Schule in Konstanz
	78 - 79	Englischlehrgang der Privatschule Oog, Konstanz

WERDEGANG NACH DER AUSBILDUNG

	78 - 85	Weingut "Lichte Höhe" in Meersburg, Sachbearbei- terin im Ein- und Verkauf

	85 - 89 Verlag und Druckerei Max Letter, Konstanz, Sachbearbeiterin im Verkauf
	seit 90 Speditionsfirma Eilig & Roll, Konstanz, Sekretärin

PRÜFUNGEN

Ausbildungsabschluß	Juni 77	Kaufmannsgehilfen- prüfung der IHK Konstanz Note: gut
Sekretärinnenprüfung	März 78	DGB-Schule Konstanz Note: gut
Fremdsprachenprüfung	Okt. 79	Übersetzerprüfung in Englisch, IHK Konstanz Note: sehr gut

BESONDERES

Sehr gute EDV-Kenntnisse
gute Kenntnisse im Steuerrecht

REFERENZEN

Frau Studienrätin Dr. Karla Sachs,
Obere Laube 17, 7750 Konstanz

Herr Speditionskaufmann Ewald
Roll, Industriegebiet West, 7750
Konstanz

Konstanz, 17. März 1991

Maria Weigel

4.1.3   Erzählender Lebenslauf I   (= LB4_1_3.TXT, LB4_1_3.FW3)

Den nachfolgenden Lebenslauf kennzeichnet eine betonte Farblosigkeit. Er erfüllt zwar alle formalen Grundvoraussetzungen, setzt aber keinerlei individuelle Schwerpunkte. Im Gegensatz dazu bemüht sich die Verfasserin des zweiten Lebenslaufes - unter Beachtung der normativen Regeln - bewußt um eine individuelle Ausgestaltung und Ergänzung durch weiterführende Informationen. Unter Berücksichtigung des kommunikativen Zwecks und der Zielsetzung der Textsorte Lebenslauf erfüllt die Verfasserin die Forderung nach dem Adressatenbezug im Sinne der jeweiligen Akzeptanzerwartung von Textverfasser und Textempfänger voll und ganz.

BILDUNGSGANG

Am 17. September 1960 wurde ich in Koblenz geboren. Da meine Eltern 1964 nach Erlangen übersiedelten, besuchte ich dort von 1967 bis 1971 die Grundschule. Danach wechselte ich in die Realschule über, an der ich 1977 die mittlere Reife erwarb.

Im Herbst 1977 trat ich als Auszubildender im Maschinenbau bei der Firma Meyers & Co. in Amberg ein. 1980 bestand ich meine Gesellenprüfung mit der Note "gut" Bevor ich meine Ausbildung zum Ingenieur begann, arbeitete ich für die Dauer eines Jahres bei der Firma Seliger in Nürnberg als Maschinenschlosser. In dieser Zeit besuchte ich einen Schweißkurs und legte die Stahlbauschweißerprüfung nach DVS ab.

Von 1981 bis 1984 besuchte ich die Fachhochschule in Nürnberg und erwarb das Ingenieurzeugnis mit dem Prädikat "gut".

Seit Herbst 1984 bin ich bei der Maschinenbau-AG Strahl in Nürnberg als Ingenieur tätig. Zwischenzeitlich habe ich einen REFA-Lehrgang, Grundkurs und Arbeitsvorbereitung, absolviert.

Die englische Sprache beherrsche ich in Wort und Schrift sehr sicher.

Erlangen, 29.05.1991

(Unterschrift)

4.1.4   Erzählender Lebenslauf II   (= LB4_1_4.TXT, LB4_1_4.FW3)

Elisabeth Hennig
Brahmsstraße 18
7900 Ulm
(0791) 84 69 17

Am 11. Januar 1966 wurde ich, Elisabeth Hennig, in Ulm an der Do-
nau, als Tochter des Buchdruckers Franz Hennig und seiner Ehefrau
Gertrud, geb. Janka, geboren. Ich bin katholisch und habe zwei
jüngere Brüder.

Von 1972 bis 1981 besuchte ich die Grund- und Hauptschule in Ulm,
aus der ich nach bestandener Abschlußprüfung entlassen wurde.

Während meiner dreijährigen Ausbildungszeit als Verkäuferin in der
Eisenwarenhandlung M. Kupfer, Ulm, war ich in den ersten beiden
Jahren hauptsächlich in der Baubedarfs- und Heimwerkerabteilung
eingesetzt. Nach erfolgreicher Prüfung zum Einzelhandelskaufmann
wechselte ich die Branche. Seither arbeite ich im Sporthaus Knoss,
in welchem ich mich vor allen Dingen auf den Verkauf von Winter-
sportartikeln spezialisiert habe. In Abendkursen der Volkshochschule Ulm habe ich mich weitergebildet, so daß ich heute in der
Lage bin, Verkaufsgespräche in englischer und französischer Sprache selbständig zu führen.

Seit meinem 9. Lebensjahr bin ich aktives Mitglied des TSC Ulm, in
welchem ich 1982 Vereinsmeisterin im Geräteturnen wurde. Da ich
auch eine begeisterte Wintersportlerin bin, kann ich das theoreti-
sche Wissen um viele Sportgeräte durch eigene praktische Erfahrungen ergänzen. Ein Umstand, der mir bei meiner bisherigen Verkäufe-
rinnentätigkeit von großem Nutzen war.

Ulm, 01. März 1991

(Unterschrift)

4.1.5   Lebenslauf Ende 19. Jahrhundert

Als Kontrast zu der normativen Prägung der Textsorte Lebenslauf - durchaus auch zur Verwendung im Unterricht gedacht - stellen wir einen Lebenslauf Ende des letzten Jahrhunderts vor. Die kontrastive Betrachtung von Stil und Inhalt lassen zum einen - trotz aller Normierung - den dynamischen Charakter dieser Textsorte erkennen. Zum andern gewinnen die Schüler einen vergleichenden Eindruck zum eigenen Tun.

Curriculum vitae von Viktor Janitzek

Geboren am 2. Oktober 1877 in dem kleinen Grenzstädtchen Myslowitz, den oberschlesischen Gefilden, in denen auch der feinsinnige Dichter der Romantik, Freiherr Joseph von Eichendorff auf Schloß Dubowitz und das Elternpaar des Liederfürsten Franz Schubert in Zuckmantel, das Licht der Welt erblickten.

Mein Vater, Volksschullehrer, Musikdirektor und Friedensrichter in einer Person, erteilte mir in meinem achten Lebensjahr den ersten Musikunterricht; Volksschule und Gymnasium behielten mich weiter in ihrer Obhut.

Mit 17 Jahren, nach Beendigung meiner Schulzeit, trat die Berufsentscheidung ein, ob Lehrer, Theologe oder Musikus. Sie fiel nach leichten Kämpfen für die Tonkunst aus. Mein Vater richtete sich nach Goethes Ausspruch: "Mein Leipzig lob ich mir, es ist ein klein Paris und bildet seine Leute!"

So zog ich in die helle Sachsenstadt und ließ mich in Leipzig 1895 als Student der Musik im Königlichen Konservatorium einschreiben. Glücklich fühlte ich mich, in jenem Ort zu leben und zu lernen, in dem der große Johann Sebastian Bach lebte, liebte und wirkte, ebenso Robert Schumann, der poetische Tondichter und auch Schriftsteller von Bedeutung, scharf gegen die gehaltlosen unkünstlerischen Erzeugnisse jener Zeit ankämpfend, andererseits junge, aufstrebende Talente fördernd. 1901 waren meine Studien in Leipzig beendet.

Nach dieser anstrengenden, auch entbehrungsreichen Zeit verlangten Seele wie Körper Sonne und Höhenluft; sie sollten dazu angetan sein, die Flügel meines Geistes zu stärken. Ich unternahm - was gewagt war - eine Reise mit unzulänglichen Mitteln in die Schweiz. Hier wollte ich das Wunderland der Berge und Seen aus eigener Anschauung kennenlernen, wenigstens in bescheidenem Umfang.

Mein praktischer Sinn war dazumal noch nicht in Tätigkeit, sonst hätte ich mir durch verschiedenartige Vorträge gut Barmittel verschaffen können. Auf einer Fußreise am rechten Seeufer nach Rapperswil, wanderte ich auch durch Küsnacht. Um keine Zeit zu verlieren, spornte ich meine Schusterrappen an, damit ich noch vor Einbruch der Nacht in Einsiedeln eintreffe. Mein Interesse galt dem damals berühmten Orgelwerk im Kloster. Das Seminar in Küsnacht streifte ich nur mit wenigen Blicken, ohne zu ahnen, daß ich daselbst mit ganzer Seele und voll Freuden 36 Jahre mit der Jugend musikalisch arbeiten würde.

Der kurze Aufenthalt in der mir so lieb gewordenen Gegend hieß mich bald an die Rückreise denken, und so traf ich wieder in dem Orte ein, wo meine Wiege stand, jedoch mit viel schönen, wertvollen Erinnerungen, die mir fortan Ansporn zu weiterem Selbststudium gaben, denn es gibt ja bekanntlich des Lernens kein Ende.

Von 1901 bis 1903 war ich Musiklehrer wie Konzertist in meiner alten Heimat. Aber seßhafte Ruhe war in mich noch nicht eingekehrt. Die Natur zog in mir das Register der Sturm- und Drangperiode, die mich zu musikalischen Wanderungen in die Ferne, unter anderem auch wieder in die mir so lieb gewordene Schweiz lockte.

Im Januar 1905 erhielt ich nach ehrenvoller Wahl die Musiklehrerstelle an den Luzerner Stadtschulen. Im Jahre 1908 nahm ich die ehrenvolle Wahl an das kantonale Lehrerseminar von Zürich in Küsnacht an.

Nach dem Tod von Herrn Professor Hindermann wurde mir von der Erziehungsdirektion sowohl der Gesangsunterricht, wie auch die Leitung des Schülerorchesters der Oberrealschule und Handelsschule übertragen, das alljährlich die Maturitäts- und Entlassungsfeiern mit Vorträgen umrahmte.

Meine öffentlichen Konzerte und die Mitwirkungen bei der Pestalozzigesellschaft wurden von den Behörden, dem Publikum und den Zeitungsberichtern mit besonderer Anerkennung besprochen.

Viktor Janitzek

4.2   UE 2: Didaktische und methodische Überlegungen

> **Baustein:** Bewerbungsschreiben
> Lektion 4.2
>
> **Thema:** Der Begleitbrief zu den Bewerbungs-
> unterlagen
>
> **Funktion:** Erkennen wesentlicher Unterschiede
> zum Geschäftsbrief nach DIN-Norm

Das wesentlichste Unterscheidungsmerkmal zum Geschäftsbrief ist, daß der Briefkopf nunmehr selbständig durch die Schüler gestaltet werden muß. Die Bezugszeichenzeile entfällt ganz.

Ausgehend von einem DIN A4-Blatt, betätigen Ihre Schüler fünf Mal die <Return>-Taste und gestalten den Absender wie in Lektion 4.2.1 dargestellt. Die 13. Zeile entspricht der ersten Zeile des 9zeiligen Anschriftenfeldes. Entschließen sich Ihre Schüler dazu, das Anschriftenfeld mit der Anrede zu beginnen, müssen die entsprechenden Leerzeilen berücksichtigt werden. Nach unseren Erfahrungen erhalten Schüler, die Ihre Bewerbungsunterlagen mit dem Beförderungsvermerk „Einschreiben" versehen, schneller eine Antwort - sei sie nun positiv oder auch negativ. Die hierfür aufzuwendenden Mehrkosten fallen nicht ins Gewicht, wenn man bedenkt, daß bei säumiger Beantwortung durch die Firmen weitaus größere Kosten für ein Mehr an Lichtbildern und beglaubigten Kopien entstehen.

Vom Stil und Aufbau her sollte dieser Begleitbrief nicht nur eine sinnleere Wiederholung sowieso beigefügter Anlagen sein; vielmehr hat der Bewerber hier die Gelegenheit, auf einzelne Fakten des Lebenslaufes näher einzugehen und sie - wenn es wünschenswert erscheint - zu erläutern. Passend wäre hier ebenfalls, auf besondere Eignungen für den gewünschten Beruf hinzuweisen. Der Bewerber sollte den Empfänger davon überzeugen, daß er der „richtige Mann" oder die „richtige Frau" für den zu besetzenden Posten ist. Es macht sich außerdem immer gut, wenn man im Begleitschreiben durchblicken läßt, daß man sich über das Berufsbild bereits gründlich informiert hat. Ebenso sollte die insgeheim gestellte Frage „warum bewirbt er (sie) sich ausgerechnet bei uns?" hier bereits beantwortet werden. So könnte der Bewerber beispielsweise erwähnen, daß er von einer besonders qualifizierten Ausbildung in gerade diesem Betrieb gehört habe.

Wie bereits beim Lebenslauf erwähnt, sind Grundvoraussetzungen für ein wirkungsvolles Bewerbungsschreiben ebenfalls Sauberkeit und eine übersichtliche Form. Ein orthografisch fehlerfreies und in der sprachlichen Gestaltung einwandfreies Schreiben sind zweifellos die wichtigsten Züge eines Begleitbriefes. Um seinen Mitbewerbern „den Rang abzulaufen", sind daher folgende Dinge zu beachten:

1.   Unbedeutende Dinge streichen!

Niemand will wissen, ob man vielleicht mit 13 Jahren den linken Arm gebrochen hat oder in der vierten Klasse unsterblich in seinen Klassenlehrer verliebt war.

2.   Betonen, was über das erwartete Normalmaß hinausgeht!

-       Besitz des Führerscheins,
-       Freiwillige Fortbildung
-       Aktive Mitgliedschaft in einem Verein, einer Organisation,
        usw.

Der Bewerber sollte sich also auch in einem Begleitbrief um Individualität bemühen, sich allerdings vor maßlosen Übertreibungen hüten. So hatten zwei Leute mit ihrer Form der Bewerbung sicher kein Glück. Der eine schrieb: „Greifen Sie rasch zu, gute Lehrlinge sind heutzutage echte Mangelware. Morgen kann es bereits zu spät für Sie sein!" Der andere telegrafierte: „Alle eingetroffenen Bewerbungen in den Papierkorb schmeißen; warten Sie ab, bis meine eintrifft!"

4.2.1   **Bewerbung I**   (= LB4_2_1.TXT, LB_4_2_1.FW3)


```
Anna-Katharina Troll                          06. Mai 1991
Dominikanergasse 11
7000 Stuttgart
(0711) 44 91 33



Einschreiben

Herrn Rechtsanwalt
Dr. Dieter Eckle
Langgasse 12

7000 Stuttgart



Bewerbung um den Ausbildungsplatz einer Anwaltsgehilfin


Sehr geehrter Herr Doktor Eckle,

seit Jahren ist es mein Wunsch, den Beruf einer Anwaltsgehilfin zu
erlernen.

Durch eine Freundin meiner Mutter habe ich schon viel über den
Tätigkeitsbereich dieses Berufes erfahren. Außerdem hatte ich in
den vergangenen Sommerferien Gelegenheit, für die Dauer von drei
Wochen einen Ferienjob in der Anwaltskanzlei Finke & Specht zu
bekommen.

Am Ende dieses Schuljahres verlasse ich nach bestandener Abschluß-
prüfung die Realschule. In den Klassenstufen 8 - 10 habe ich an
den Arbeitsgemeinschaften Maschinenschreiben und Stenografie teil-
genommen. Eine Bescheinigung über die dort erzielten Leistungen
füge ich als Anlage bei, ebenso eine Fotokopie des letzten Zeug-
nisses und einen Lebenslauf mit Lichtbild.

Ich würde mich sehr freuen, wenn Sie meine Bewerbung wohlwollend
prüfen könnten. Zu einem Vorstellungsgespräch stehe ich selbstver-
ständlich jederzeit zur Verfügung.

Mit freundlichen Grüßen


Anna-Katharina Troll

4 Anlagen
```

4.2.2   **Bewerbung II**   (= LB4_2_2.TXT, LB_4_2_2.FW3)

Vanessa Wedekind   Bremen, 26.09.91
Alter Torbogen 11
2800 Bremen
(0421) 7 46 19

Einschreiben

Bremer Schiffswerft AG
Personalabteilung
Am Alten Hafen 17 - 29

2800 Bremen

Bewerbung als kaufmännische Angestellte -
Ihre Anzeige vom 23. 09. d. J. im "Bremer Stadtanzeiger"

Sehr geehrte Damen und Herren,

mit diesem Schreiben bewerbe ich mich um die bei Ihnen zum 01.
Oktober d. J. zu besetzende Stelle, da ich den Wunsch habe, mich
beruflich weiterzubilden.

Meine bisherige kaufmännische Ausbildung erhielt ich bei der Firma
Franz Schleicher KG, Bremen, und in der kaufmännischen Berufsschu-
le. Mit sämtlichen Arbeiten, die in mittleren Betrieben anfallen,
bin ich vertraut.

Meine Ausbildungszeit endete im Juli d. J., die Kaufmannsgehil-
fenprüfung habe ich mit der Note "gut" bestanden. Seit zwei Jahren
besuche ich Abendlehrgänge für die Fremdsprachen Französisch und
Spanisch an der hiesigen Volkshochschule.

Die für meine Bewerbung erforderlichen Unterlagen füge ich als
Anlage bei.

Ich würde mich sehr freuen, wenn Sie mir Nachricht zukommen ließen, daß ich mich bei Ihnen vorstellen darf.

Mit freundlichen Grüßen

Vanessa Wedekind

<u>Anlagen</u>
1 Lebenslauf
1 Lichtbild
5 Zeugniskopien

4.3   UE 3: Didaktische und methodische Überlegungen

> **Baustein:** Bewerbungsschreiben
> Lektion 4.3.1 und 4.3.2
>
> **Thema:**   - Erstellen eines Bewerbungsschreibens
>   mit Hilfe von Textbausteinen
>   - Verknüpfen mit einer Datenbank
>   zur Serienbrieferstellung
>
> **Funktion:** Erkennen rationeller Arbeitsweisen auf
> der Grundlage regelmäßig wiederkeh-
> render Floskeln

Im Gegensatz zum Mahnverfahren aus Kapitel 3 empfehlen wir für diese Lektion die Erarbeitung der Textbausteine zum Bewerbungsschreiben gemeinsam mit Ihren Schülern.

Als Einstieg ist es durchaus denkbar, die beiden fertigen Bewerbungsschreiben durch Ihre Schüler analysieren zu lassen, wobei Sätze verkürzt oder auch umgestellt werden können. Dieser Denkanstoß müßte ausreichend sein, um Ihre Schüler zum Formulieren weiterer Textphrasen zu motivieren. Eine solche Sammlung kann zunächst mit Spiegelstrichen in den Computer eingegeben werden und bedarf keiner sofortigen chronologischen Abfolge. Diese kann durchaus - was auch sinnvoller ist - in einem zweiten Lehrschritt erfolgen.

Um nun Ordnung in die gesammelten Textphrasen zu bringen, haben wir - als Orientierungshilfe - eine Grafik (s. Abb. 4.1) angefertigt, die Ihren Schülern die Zuordnung dieser inzwischen numerierten Textphrasen etwas erleichtern soll. Nach getaner Arbeit liegt ein komplettes Texthandbuch vor, das nur noch ausgedruckt werden muß.

Bevor Sie nun allerdings mit dem Programm „BAUSTEIN.FW3" arbeiten, ist es wichtig, alle Textphrasen, versehen mit dem dazugehörigen Namen bzw. der Kennziffer, in einzelne Frames abzulegen. Diese Ablage erfolgt innerhalb der

Textverarbeitung von FRAMEWORK III mit Hilfe der Funktions-Tasten <F6> und <F8>.

Bei dem Programm „BAUSTEIN.FW3" handelt es sich um dasselbe, wie es auch im Mahnverfahren verwendet wurde. Lediglich der Pfad für den Zugriff auf die einzelnen Textbausteine auf der Diskette oder Festplatte wurde verändert. Auch Sie können eine solche Veränderung ohne Schwierigkeiten durchführen. Setzen wir den Fall, Sie wollen das Programm „BAUSTEIN.FW3" für die Konstanten (Name, Vorname, Eltern ...) des tabellarischen Lebenslaufes einsetzen, der sich in Ihrem Falle im Unterverzeichnis „LEBLAUF" im Diskettenlaufwerk B: befindet (= B:\LEBLAUF\). Gehen Sie folgendermaßen vor:

1.   Laden Sie das Programm „BAUSTEIN.FW3" in Ihren Arbeitsspeicher.

2.   Mit der <F9>-Taste gehen Sie auf den Rahmen des Unterprogramms „Formel" und ziehen diesen Formelbereich mit <F2> <F9> auf Bildschirmgröße auf.

3.   Gehen Sie mit dem Cursor in die Zeile 14; Sie stehen auf einer Programmzeile, die *Pfad:="B:\Mahnung\"* lautet.

4.   Diese Anweisung können Sie Ihren Gegebenheiten entsprechend verändern, in unserem Beispiel *Pfad:="B:\LEBLAUF\"*.

5.   Durch zweimaliges Betätigen der <F11>-Taste kehren Sie wieder auf die Arbeitsfläche von FRAMEWORK zurück.

Kehren wir jetzt zu unserer ursprünglichen Aufgabe zurück, mit Hilfe von Textbausteinen ein Bewerbungsschreiben zu erstellen. Hierfür gelten die gleichen Arbeitsschritte wie auf S. 191 beim Mahnverfahren.

Sind alle Textbausteine eingelesen, kann der Text überarbeitet werden, indem man beispielsweise überflüssige Abschnitte entfernt und ihm inhaltlich und formal den „letzten Schliff" gibt. Darüber hinaus ist - falls dies wünschenswert erscheint - wiederum eine Verknüpfung mit einer Adressendatenbank möglich, um gleichzeitig auch die Serienbrieffunktion nutzen zu können. Hierzu verweisen wir auf Kapitel 3, UE 4, Seite 183ff.

4.3.1 Grafische Darstellung des Textbauplanes „Bewerbungsschreiben"

Aufgrund der starken sozialen Normierung der Textsorte „Bewerbungsschreiben", gibt es nur wenig gesellschaftlich tolerierte Varianten ihres inhaltlichen Aufbaus[*]. Nachfolgende grafische Darstellung stellt einen korrekten Textbauplan „Bewerbungsschreiben" dar und kann zur Grundlage eines entsprechenden Korrespondenzhandbuches benutzt werden.

1)	Betreffangabe
2)	Anrede
3)	Informationsbezug (Ihr Inserat ...)
4)	Bewerbungsfloskel (Hiermit bewerbe ich mich um ...)
5)	Derzeitige Tätigkeit
6)	Praktika etc.
7)	Ergänzungen zur eigenen Person
8)	Aussagen zum Berufswunsch
9)	Hinweis auf Anlagen
10)	Vorstellungsgespräch
11)	Grußformel
12)	Anlagen

Abb. 4.1:   Textbauplan Bewerbungsschreiben

Hinweis: Gegebenenfalls kann man obenstehende Grafik auf eine Folie ziehen und sie an den horizontalen Linien zerschneiden. Damit ist die Möglichkeit gegeben, den Aufbau des Textbauplanes mit den Schülern verbal zu erarbeiten und die Abfolge der Textbestandteile auf dem Tageslichtprojektor zu visualisieren.

---

[*] s. dazu ausführlich: Plieninger (1991: 126-170).

| 4.3.2 | Korrespondenzhandbuch Bewerbungsschreiben |

SELEKTIONSNUMMER	TEXTBAUSTEIN
BETREFFANGABE BI1	Bewerbung um einen Ausbildungsplatz als #Beruf#
BI2	Bewerbung um eine Ausbildungsstelle als #Beruf#
BI3	Bewerbung um den ausgeschriebenen Ausbildungsplatz als #Beruf#
ANREDE BII1	Sehr geehrte Damen und Herren,
BII2	Sehr geehrte < Optional > <r> <An-rede> <Name>,
INFORMATIONSBEZUG UND **BEWERBUNGSFLOSKEL** BIII1	Auf Ihre Anzeige in #Zeitung# vom #Datum# bewerbe ich mich um die Ausbildungsstelle als #Beruf# in Ihrer Firma.
BIII2	Auf Empfehlung meine#r/s# zuständigen Berufsberater#s/in#, #Herrn/Frau# #Name# bewerbe ich mich um einen Ausbildungsplatz als #Beruf# in Ihrem Hause.
BIII3	Auf Grund unseres Telefongespräches vom #Datum# bewerbe ich mich um eine Ausbildungsstelle als #Beruf# in Ihrer Firma.

Abb. 4.2:   Korrespondenzhandbuch Bewerbungsschreiben

Vorbemerkungen

Auf die grundsätzliche Bedeutung von Datenbanken und ihren Einsatz sind wir bereits in den didaktischen und methodischen Überlegungen zu Kapitel 3, UE4, Seite 184 - 186 eingegangen. Außerdem verweisen wir - wie gehabt - auf das Literaturverzeichnis.

Dagegen wollen wir an dieser Stelle inhaltlich auf die von uns installierten Datenbanken zum Komparativtraining eingehen und ihre didaktische Relevanz näher beschreiben. Zur besseren Veranschaulichung dessen, was wir bei der Konzeption und Anlage der Datenbanken in der vorliegenden Form anstreben, haben wir dieses Kapitel mit den unterschiedlichsten Musterbeispielen von Datenbankauszügen inclusive der dazugehörigen Formeln versehen. Aus Gründen der Anpassung an dBASE mußten die Feldnamen aller Datenbanken - im Gegensatz zu den im Buch abgedruckten Überschriften des Komparativtrainings - leicht verändert werden. Zum Beispiel erhielt die Überschrift „2 links - 2 rechts" in den auf der Begleitdiskette abgelegten Datenbanken den Feldnamen L2R2 usw. Inhaltlich hat diese Änderung jedoch keinerlei Konsequenzen.

Grundsätzlich ist das Komparativtraining als solches nichts Neues. Zahlreiche Autoren von Schülerbüchern für den Maschinenschreibunterricht wußten in der Vergangenheit bereits Formen von Komparativübungen mit in ihren Stoff aufzunehmen. Dennoch blieb ein Manko, mit dem wir uns im Unterrichtsalltag nicht abzufinden vermochten: Alle uns bekannten Materialien zum Komparativtraining konnten erst eingesetzt werden, *nachdem* die Tastaturschulung abgeschlossen war. Damit fiel dem Komparativtraining - dessen Name wörtlich genommen sein will - nur noch die Bedeutung zu, ein begleitendes Instrument zur Steigerung der Schreibgeschwindigkeit zu sein. Diese Ausschließlichkeit des Anspruches ist für uns von sehr fragwürdiger didaktischer Relevanz. Orientieren wir uns in der weiterführenden Argumentation des hier kritisierten didaktischen Ansatzes wiederum primär am Bereich der Sekundarstufe I und der damit verbundenen Wochenstundenzahl für die Arbeitsgemeinschaft „Maschinenschreiben", muß dieser Ansatz ganz einfach in Frage gestellt werden. Für die Tastaturschulung gilt als oberster Grundsatz: „Sicherheit vor Schnelligkeit". Diesem Grundsatz kamen wir bei der Installation der Datenbanken in vollem Umfang nach, da der Schwerpunkt im Bereich der Tastaturschulung sich primär an die **Schreibsicherheit** anzulehnen hat. Daraus resultiert wiederum die logische Konsequenz, über ein Komparativtraining verfügen zu müssen, das lektionsbegleitend und -bezogen aufgebaut ist. Eine integrierte Datenbank versetzt uns hierbei in die Lage, jederzeit Rückgriff auf die Übungswörter zum Komparativtraining nehmen zu können und sie außerdem in den unterschiedlichsten Variationen den jeweiligen didaktischen Schwerpunkten einer jeden Unterrichtsstunde anzupassen, ein Faktum, das dieses Buch in besonderem Maße kennzeichnet. Alle in diesem Kapitel beschriebenen Datenbanken enthalten eine Spalte, welche die Länge der einzelnen Übungswörter bzw. Wortfragmente ausweist. Das erleichtert die rechtsbündige Anpassung nach dem Kopieren aus der Datenbank in einen Textframe ganz erheblich.

Ferner ist mit diesen Datenbanken zum Komparativtraining die Möglichkeit gegeben, leistungsschwächeren oder gar in bewegungsmotorischen Abläufen gestörten Schülern individuelle und problemorientierte Übungen zusammenzustellen, was im Ansatz die Flexibilität der stofflichen Auswahl erhöht. Dies erscheint uns auch aus methodischer Sicht heraus sinnvoll zu sein. Das oft zurecht geforderte Instrument der (Binnen-) Differenzierung und Individualisierung läßt sich nur über derartige Datenbanken mit einem vertretbaren Zeitaufwand realisieren. Vergleichbares ohne solche Datenbanken leisten zu wollen, erscheint uns doch sehr fragwürdig.

Aus zwei Gründen haben wir die auf der Begleitdiskette zur Verfügung gestellten Datenbanken im dBASE-Format abgespeichert:

-   Der erste Beweggrund war, auch denjenigen Benutzern die Möglichkeit des Zugriffs auf diese Datenbanken zu verschaffen, die nicht mit FRAMEWORK, sondern mit anderen Textsystemen bzw. Datenbanken arbeiten.

-   Der andere Grund war, daß die Speicherung in FRAMEWORK wesentlich mehr Speicherkapazität auf der Diskette oder Festplatte beansprucht. Wir hätten nicht alles Begleitmaterial auf *einer* Diskette zur Verfügung stellen können. Daraus folgt, daß sich die Datenbanken - werden sie innerhalb von FRAMEWORK geladen - so „mächtig aufblähen", so daß sie nur dann vollständig in den Arbeitsspeicher eingelesen werden können, wenn der Computer mit mindestens zwei Mbyte Arbeitsspeicher ausgestattet ist. Auf die Praxis bezogen, erscheinen uns diese Gründe ohne einengende Bedeutung zu sein, da man ja im allgemeinen immer nur eine Auswahl der zur Verfügung gestellten Materialen für den eigenen Unterricht benötigt.

Viel wichtiger erscheint die Frage: Wie benutzt man eine dBASE-Datenbank innerhalb von FRAMEWORK?

1. Sie „laden" eine dBASE-Datenbank genau so wie jeden beliebigen Frame von der Diskette oder der Festplatte. Nach dem Ladevorgang sehen Sie einen „leeren" Datenbankframe. D. h., man erkennt anhand der Datenfeldnamen die Datenbankstruktur. Die Datenbank enthält aber (noch) keine Datensätze. Wenn man nun die Taste <F5> (= Neuberechnung) betätigt, liest das System *alle* Datensätze - bis zur Grenze des Arbeitsspeichers Ihres Computers - ein. Wenn man nicht alle Spalten benötigt, kann man die nicht benötigten vor dem Betätigen der <F5>-Taste löschen. Dadurch erhöht sich die Anzahl der einzulesenden Datensätze. Eine solche Vorgehensweise ist deshalb praxisbezogen, da man in aller Regel immer eine spezifische Auswahl aus den insgesamt vorhandenen Datensätzen einer Datenbank treffen wird.

2. Zu diesem Zweck, der Auswahl spezifischer Datensätze, drücken Sie - nach dem Laden der dBASE-Datenbank **nicht** die <F5>-Taste, sondern die <F2>-Taste. In der Nachrichtenzeile erscheint dann eine Formel, die mit „@dBASE-Filter..." beginnt. Am Ende dieser Formel sehen Sie den Parameter „#TRUE". Anstelle dieses Parameters „#TRUE" können Sie nun alle FRAMEWORK-Filterformeln eingeben. Das System wird nur diejenigen Datensätze in den Arbeitsspeicher einlesen, die den von Ihnen gewünschten Selektionsbedingungen entsprechen. Mit <Return> bestätigen Sie die Änderung, und das System beginnt mit der Arbeit.

3. Die dBASE-Datenbank - mit den von Ihnen ausgewählten Datensätzen - kann nunmehr wie jede FRAMEWORK-Datenbank verwendet und auch gefahrlos abgespeichert werden. Das Datenbankprogramm dBASE speichert mit „.DBF" -im Unterschied zu FRAMEWORK - seine Dateien mit einer anderen Extension (= Dateierweiterung) ab.

4. Es würde die angestrebten Intensionen dieses Buches bei weitem sprengen, auf die vielfältigen Möglichkeiten der Datenselektion unter FRAMEWORK einzugehen. Wir stellen daher einige Musterformeln exemplarisch vor. Jede dieser Formeln berücksichtigt einen anderen Teilaspekt. In ihrer Gesamtheit verdeutlichen sie ungefähr die Bandbreite der von uns zur Verfügung gestellten Datenbanken.

5.1   Lektionsbegleitende Datenbanken: Didaktische und methodische Überlegungen

Baustein: Einsatz der Datenbanken KOMPA-RA1.DBF und KOMPARA2.DBF

Thema: Nutzungsmöglichkeiten des Komparativtrainings

Funktion: Beispiele zur Selektion von Daten zur Unterrichtsvorbereitung des Lehrers

Die Datenbank „KOMPARA1.DBF" besteht aus einer Zusammenfassung der Übungen zum Komparativtraining aus allen Lektionen zur Tastaturschulung (= Kapitel 2) mit insgesamt 1 547 Übungswörtern. Sie kann bereits ab Lektion 1.2 unterrichtsbegleitend eingesetzt werden. Das lektionsbegleitende Komparativtraining - wie beispielsweise im Kapitel 2 auf Seite 67 - 68 abgebildet - setzt dagegen jeweils die Erarbeitung von zwei aufeinanderfolgenden Lektionen voraus, bevor es von den Schülern verwendet werden kann.

Setzen wir nun den Fall, Sie möchten - beispielsweise im Hinblick auf eine bevorstehende Klassenarbeit - auf die Lektionen 2.1.2 (Datenbankkennzeichnung 1_2) bis 2.4.2 (Datenbankkennzeichnung 4_2) zurückgreifen. Vereinfacht ausgedrückt, Sie wollen alles sehen, was vor der Lektion 2.5.1 erarbeitet wurde, also „kleiner" als Lektion 5_1 ist. Zusätzlich legen Sie lediglich Wert auf die Auswahl von Datensätzen, welche die rechte (= RH) und linke (= LH) Hand berücksichtigen. Zu diesem Zweck holen Sie die Formelsammlung (= FORMEL.FW3) in den Arbeitsspeicher, gehen mit <F12> in den Frame hinein und verfahren dann wie folgt:

1.   Markieren Sie die entsprechende Formel mit <F6> und schließen den Auswahlvorgang mit <Return> ab, s. Beispiel:

```
@and(Lekt<"5_1",@or(LH="x",RH="x"))
```

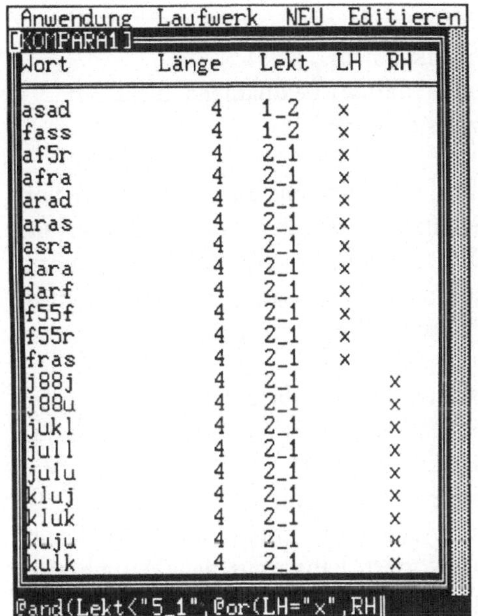

Abb. 5.1:   Datenbank-Ausschnitt „KOM-
             PARA1.DBF"

2. Unter Zuhilfenahme des auf S. 47 beschriebenen Zwischenspeichers legen Sie dort die markierte Formel mit < Shift-F7 > ab.

3. Verlassen Sie mit < F11 > die Formelsammlung und steuern Sie den Rahmen der geladenen dBASE-Datei an (s. Punkt 1 der vorigen Seite).

4. Verfahren Sie, wie unter Punkt 2 der vorigen Seite beschrieben. Löschen Sie nun den Parameter „#TRUE" und betätigen nach dem Löschvorgang die < Shift-F8 >-Taste. Zwischen den beiden Kommata muß statt „#TRUE" die von Ihnen ausgewählte Filterformel „@and(Lekt < "5_1", @or(LH = "x",RH = "x"))" stehen.

5. Nachfolgend kann die Filterformel den jeweiligen Selektionswünschen angepaßt werden. Ferner kann die gleiche Filterformel auch mehrfach in dBASE-Datenbanken Verwendung finden, da sie bis zur Ablage eines neuen Inhalts im Zwischenspeicher, bzw. bis zum Ausschalten des Rechners jederzeit (mehrfach) mit < Shift-F8 > abgerufen werden kann.

Aus Platzgründen bilden wir hier nur einen kleinen Ausschnitt von „KOMPARA1.DBF" ab. Selbstverständlich ist auch jedes andere Ordnungskriterium möglich.

Nach dem Filtern haben Sie eine spezifische Auswahl von Datensätzen - der jeweiligen Filterformel entsprechend - zur Verfügung. Sollte die Darstellung zu unübersichtlich sein, können Sie die Übungswörter nach der Reihenfolge der Lektionen ordnen lassen.

Hierzu gehen Sie:
a)   mit der <F12>-Taste in die Datenbank hinein.
b)   Mit dem Cursor steuern Sie die erste Ziffer des Feldnamens „Lekt" an.
c)   Sie betätigen <Strg-S>V (= Vorwärts sortieren).

Die Datenbank „KOMPARA2.DBF" stellt eine erhebliche Erweiterung der vorigen dar und umfaßt insgesamt 2 233 Datensätze. Zu den bereits vertrauten Feldnamen aus der Datenbank „KOMPARA1.DBF" - die Reihenfolge der Übungswörter zum Komparativ wurde beibehalten - kommen zwei weitere Feldnamen hinzu: „Kennzeichnung" (= K) und „Inversion" (= Invers).

In der Spalte Kennzeichnung haben wir unter „*" alle diejenigen Übungswörter zum Komparativ gekennzeichnet, die lediglich einen Wortteil, eine Wortsilbe oder auch nur ein Wortfragment darstellen. Bei den mit „**" gekennzeichneten Wörtern handelt es sich um sogenannte „sinnleere" Wörter, die keine semantische Bedeutung haben und ausschließlich der Übung einer bestimmten Fingerfolge dienen. Bei den übrigen gekennzeichneten Übungswörtern haben wir den Versuch einer Herkunfts- oder Ursprungsbestimmung unternommen. Diese Kennzeichnung erhebt keinen Anspruch auf Vollständigkeit. Es ist auch nicht Aufgabe dieser Datenbanken, streng wissenschaftlich im Sinne eines ethymologischen Anspruchs vorzugehen. Aus Speicherplatzgründen wählten wir hierfür eine nicht standardisierte Abkürzungsform. So steht

-    e   für englisch   -   f   für französisch
-    l   für lateinisch   -   i   für italienisch
-    s   für spanisch   -   g   für griechisch.

Die Spalte Inversion leistet das, was der Name verspricht: die Umkehrung des in der ersten Spalte stehenden Wortes. Das mag auf den ersten Blick weiter nichts als eine nette Spielerei sein oder ein kleiner Gag, der den Bildschirm füllen darf. Dem ist jedoch keinesweg so. Inversionsübungen haben in zweifacher Hinsicht eine eigene didaktische Relevanz.

Wir haben in der Unterrichtspraxis immer wieder die Erfahrung gemacht, daß manche Schüler an bestimmten Wörtern, respektive an seinen Buchstabenfolgen scheitern. Läßt man solche „Stolpersteine" von den betroffenen Schülern jedoch ein- oder zweimal rückwärts schreiben, ist die Gefahr des „Stolperns" in den meisten Fällen behoben. Wer das selbst schon einmal ausprobiert hat, weiß, wie schwierig das rückwärtige Schreiben von Wörtern ist und wie bewußt und konzentriert hierbei in bewegungsmotorische Abläufe eingegriffen werden muß. Dieser Ablauf wird in seinem Schwierigkeitsgrad um ein Vielfaches erhöht, wenn - nach einer Selbstkontrolle durch den Schüler mit Kennzeichnung der fehlerhaften Übungswörter - ihm in einem zweiten Arbeitsgang ausschließlich die Inversionen geboten werden. Unsere Augen sind in aller Regel nicht trainiert, plötzlich mühelos von rechts nach links lesen zu können, um dadurch Sinn und Bedeutung dieser Inversion zu erfassen.

Die zweite didaktische Relevanz muß dagegen ein wenig apostrophiert gesehen werden, da der pädagogische Bezug hier doch überwiegt. Inversionsübungen sind ein hervorragendes Mittel, um einer verbalen Überzeugungsarbeit die Tat folgen zu lassen, falls Schüler beharrlich den Standpunkt vertreten, ohne Blickkontakt zum Tastenfeld nicht auskommen zu können. Sie werden sehr rasch eines Besseren belehrt, läßt man sie einmal einen ganzen Satz auf diese Art und Weise nachschreiben. In synthetisierender Weise kann dieser Satz rasch und mühelos gelesen werden:

> Ich freue mich schon sehr auf unseren nächsten Urlaub.

Doch wie steht es damit?

hcI cucrf hcim nohcs rhcs fua ncrcsnu nctshcän bualrU.

Für diese zweite Datenbank unterstellen wir einmal, daß Sie Übungswörter aus den Lektionen 2.5.1 bis 2.6.2 mit dem Schwerpunkt der Fingerfolge zwei und des Handwechsels filtern wollen. Sie geben folgende Formel ein:

```
@and(@or(Lekt="6_1",
Lekt="6_2"), @or(L2R2="x",
R2L2="x",HW="x"))
```

Anwendung Laufwerk NEU Editieren Suchen Frames Text
[KOMPARA2]

Wort	Länge	K	Lekt	LH	RH	L2R2	R2L2	HW	Invers
suchen	6		6_1					x	nehcus
sucht	5		6_1					x	thcus
tick	4		6_1					x	kcit
tuch	4		6_1					x	hcut
venlce	6		6_1			x			eclnev
vicl	4	1	6_1					x	lclv
vidi	4	1	6_1					x	idiv
zauche	6		6_1					x	ehcuaz
zeichen	7		6_1					x	nehciez
socken	6		6_2					x	nekcos
adlo	4		6_2			x			olda
adolar	6		6_2			x			raloda
agio	4		6_2			x			oiga
arno	4		6_2			x			onra
asol	4	‡‡	6_2			x			losa
atol	4	‡	6_2			x			lota
atom	4		6_2			x			mota
auto	4		6_2					x	otua
autobus	7		6_2					x	subotua
autor	5		6_2					x	rotua
awlk	4	‡‡	6_2			x			klwa

@and(@or(Lekt="6_1",Lekt="6_2| KOMPARA2

Abb. 5.2:   Datenbank-Ausschnitt „KOMPARA2.DBF"

5.2 Datenbanken mit erweiterten Griffolgen: Didaktische und methodische Überlegungen

<table>
<tr><td colspan="2">

Baustein: Einsatz der Datenbanken KOMPARA3.DBF und KOMPARA4.DBF

Thema: Erweiterte Möglichkeiten der Nutzung des Komparativtrainings

Funktion: Beispiele zur Selektion von Daten zur Unterrichtsvorbereitung des Lehrers

</td><td>

</td></tr>
</table>

Die Datenbank „KOMPARA3.DBF" (480 Datensätze) baut auf dem gleichen Prinzip auf, wie wir es bereits beschrieben haben. Der neue Aspekt, der hier hinzukommt, besteht in einer detaillierteren Aufteilung im Hinblick auf die Zuordnung der zu trainierenden Finger einer jeden Hand. „KOMPARA3.DBF" ist die einzige Datenbank, die erheblich über die Bildschirmbreite hinausgeht. Um ein Optimum an Übersichtlichkeit zu gewährleisten, empfehlen wir - entsprechend Punkt 1 Seite 215 - die nicht benötigten Spalten **vor** der Selektion zu löschen.

Folgende Kombinationen können wir - zumindest für den Anfang - empfehlen. Der Abbildung 5.3 liegt folgende Filterformel zugrunde:

```
@and(Lekt="7_2",
@or(L2R4="x",R2L4="x",
L3R4="x",R3L4="x",
RH="x"))
```

Wie man aus der nebenstehenden Abbildung unschwer erkennen kann, ist die 6. Spalte (= L3R4) bei dieser Filterformel unbesetzt geblieben.

Anwendung Laufwerk NEU Editieren Suchen Frames							
[KOMPARA3]							
Wort	Länge	Lekt	L2R4	R2L4	L3R4	R3L4	RH
galopp	6	7_2	x				
koupon	6	7_2					x
philipp	7	7_2					x
pippin	6	7_2					x
platte	6	7_2		x			
please	6	7_2		x			
plump	5	7_2					x
polster	7	7_2				x	
poltere	7	7_2				x	
poster	6	7_2		x			
salopp	6	7_2	x			◆	
schloß	6	7_2	x				
schluß	6	7_2	x				
tampon	6	7_2	x				

`@and(Lekt="7_2",@or(L2R4="x", ‖`   KOMPARA3

Abb. 5.3:   Datenbank-Ausschnitt „KOMPARA3.DBF"

Wort	Länge	Lekt	LH	L3R2	R3L2	L4R2	R4L2
aaron	5	6_2		x			
argon	5	6_2		x			
etwas	5	6_2	x				
gewann	6	6_2				x	
holte	5	6_2			x		
knote	5	6_2			x		
kojote	6	6_2					x
komet	5	6_2			x		
konnte	6	6_2					x
longe	5	6_2			x		
mimose	6	6_2				♦	x
molar	5	6_2			x		
monat	5	6_2			x		
monde	5	6_2			x		
okular	6	6_2					x
oliva	5	6_2			x		
olive	5	6_2			x		
stroh	5	6_2		x			
strom	5	6_2		x			
varzo	5	6_2		x			
verdon	6	6_2				x	

`@and(Lekt="6_2",@or(LH="x",L3||`   KOMPARA3

Abb. 5.4:   Datenbank-Ausschnitt „KOMPARA3.DBF"

Für die Abbildung 5.4 verwendeten wir folgende Filterformel:

$$\text{@and(Lekt = "6\_2",@or(} \\ \text{LH = "x", L3R2 = "x",} \\ \text{R3L2 = "x",L4R2 = "x",} \\ \text{R4L2 = "x"))}$$

Bei der Eingabe dieser Filterformel ist es uns auf Anhieb gelungen, alle ausgewählten Spalten repräsentativ zu belegen.

Für Ihre eigene Unterrichtsarbeit und zur Vorbereitung empfehlen wir Ihnen, sich auf der Basis beider Abbildungen nach diesen oder ähnlichen Auswahlkriterien im Laufe der Zeit mehrere kleine Dateien zum Komparativtraining anzulegen. Es wäre gegen jede praktische Erfahrung, anzunehmen, in einer Unterrichtssequenz alle Variationen an Übungen zur Schreibsicherheit auch tatsächlich zu benötigen.

Wort	Länge	Lekt	L1	R1	Invers
dumm	4	5_1	x		mmud
emil	4	5_1	x		lime
film	4	5_1	x		mlif
fink	4	5_2	x		knif
finnin	6	5_2	x		ninnif
föhn	4	5_2	x		nhöf
gummi	5	5_1	x		immug
haber	5	5_2		x	rebah
heber	5	5_2		x	rebeh
herbst	6	5_2		x	tsbreh
hessen	6	5_2		x	♦nesseh
java	4	5_1		x	avaj
jever	5	5_1		x	revej
kabarett	8	5_2		x	tteraba
krebs	5	5_2		x	sberk

`@and(@or(Lekt="5_1",Lekt="5_2||`   KOMPARA4

Abb. 5.5:   Datenbank-Ausschnitt „KOMPARA4.DBF"

Das vierte - und damit letzte - Komparativtraining klammert ganz bewußt ein verstärktes Training zur Schreibsicherheit für beide Zeigefinger aus. Dieses Anliegen erklärt den Aufbau der Datenbank KOMPARA4.DBF (207 Datensätze), da hier alle übrigen Finger mehrfach gefordert sind.

Unserem Bildausschnitt liegt folgende Formel zugrunde:

$$\text{@and(@or(Lekt = "5\_1",} \\ \text{Lekt = "5\_2"),@or(L1 = "x",} \\ \text{R1 = "x"))}$$

5.3   Lektionsbegleitendes Wörter- und Namensverzeichnis: Didaktische und methodische Überlegungen

> **Baustein:** Einsatz der Datenbanken
> WORT5.DBF und NAMEN6.DBF
>
> **Thema:** Nutzungsmöglichkeiten von Wörter-
> und Namensverzeichnis
>
> **Funktion:** Beispiele zur Selektion von Daten zur
> Unterrichtsvorbereitung des Lehrers

Die Datenbank „WORT5.DBF" enthält mit 1 507 Datensätzen alle Beispielwörter, die in den Lektionen zur Tastaturschulung unter der Überschrift „Erweiterte Wortliste" aufgeführt sind. Diese Wörter wurden von uns in den jeweiligen Wort-übungen nicht verwendet. Da wir den Rückgriff auf die einzelnen Lektionen für umständlich halten, haben wir diese „Erweiterte Wortliste" mit Lektionsverweis, Wortlänge und Inversion noch einmal in einer separaten Datenbank zusammen-gefaßt.

Ein Beispiel: Sie suchen aus der Wortliste Übungswörter der Lektionen 2.6.1 bis 2.7.2. Für diesen Fall geben Sie folgende Formel ein:

> **@and(@or(Lekt = "6_1",Lekt = "6_2",Lekt = "7_1",Lekt = "7_2"))**

Nach dieser Selektion werden Ihnen 172 Übungswörter angeboten, die Sie noch einmal selektieren wollen, da Sie aus diesem Angebot nur Übungswörter mit 6 Buchstaben benötigen. Sie löschen die vorherige Formel und ersetzen sie durch:

> **Länge = 6**

| Anwendung | Laufwerk | NEU | Editieren |

WORT5]

Wort	Länge	Lekt	Invers
Achter	6	6_1	rethcA
clever	6	6_1	revelc
Dackel	6	6_1	lekcaD
Hacker	6	6_1	rekcaH
Kachel	6	6_1	lehcaK
Sachen	6	6_1	nehcaS
Schach	6	6_1	hcahcS
Schilf	6	6_1	flihcS
Colmar	6	6_2	ramloC
Jodler	6	6_2	reldoJ
Kimono	6	6_2	onomiK
Okkult	6	6_2	tlukkO
Schwan	6	6_2	nawhcS
Solist	6	6_2	tsiloS
Urwald	6	6_2	dlawrU
Wunder	6	6_2	rednuW
Cheops	6	7_2	spoehC
Corpus	6	7_2	suproC
Europa	6	7_2	aporuE
Kapuze	6	7_2	ezupaK
Quebec	6	7_2	cebeuQ

Abb. 5.6:   Datenbank-Ausschnitt
             „WORT5.DBF"

Das Angebot hat sich nunmehr auf 21 Wörter reduziert, die alle 6 Buchstaben haben, wie nebenstehende Abbildung 5.6 zeigt.

Die Datenbank „NAMEN6.DBF" beinhaltet ein Namensverzeichnis mit insgesamt 803 Mädchen- und Bubennamen. In der Praxis kommt es auf der Suche nach einigermaßen sinnvollen Sätzen zur Tastaturschulung immer wieder vor, daß am Ende einer Zeile - soll die ganze Übung rechtsbündig ausgezählt sein - einige Anschläge fehlen, die auch durch eine Satzumstellung nicht ausgeglichen werden können. Hier lektionsbegleitend rasch einen geeigneten Namen zur Verfügung zu haben, ist ein willkommenes Hilfsmittel.

Da im angenommenen Satzbeispiel alle Buchstaben - einschließlich der Lektion 2.6.2 - bereits erarbeitet wurden, Sie aber auf die ersten Lektionen keinen Wert legen, sondern eine Auswahl ab Lektion 2.4.1 treffen wollen, geben Sie folgende Filterformel ein (s. umseitige Abbildung 5.7):

@and(Lekt > = "4_1",Lekt < = "6_2")

Aus den 641 Namen filtern Sie nun beispielsweise alle Bubennamen heraus, deren Wortlänge 5 Buchstaben beträgt (s. Abbildung 5.8):

```
@and(Länge=5,m="x")
```

Unter der Vielzahl der immer noch angebotenen Namen können Sie nun einen spezifischen in den Übungstext kopieren, um den genannten Beispielsatz zu vervollständigen.

Anwendung	Laufwerk	NEU	Editieren	S		
[NAMEN6]						
Name	Länge	w	m	Lekt	Invers	
Jette	5	x		4_2	etteJ	
Justus	6		x	4_2	sutsuJ	
Jutta	5	x		4_2	attuJ	
Katja	5	x		4_2	ajtaK	
Kurt	4		x	4_2	truK	
Lutz	4		x	4_2	ztuL	
Ted	3		x	4_2	deT	
Tilda	5	x		4_2	adliT	
Till	4		x	4_2	lliT	
Tilli	5	x		4_2	illiT	
Adam	4		x	5_1	madA	
Almut	5	x		5_1	tumlA	
Amadeus	7		x	5_1	suedamA	
Emanuel	7		x	5_1	leunamE	
Emil	4		x	5_1	limE	
Erasmus	7		x	5_1	sumsarE	
Gustav	6		x	5_1	vatsuG	
Harm	4		x	5_1	mraH	
Hartmut	7		x	5_1	tumtraH	
Helma	5	x		5_1	amleH	
Helmut	6		x	5_1	tumleH	

Abb. 5.7:   Datenbank-Ausschnitt „NAMEN6.DBF"

Nebenstehende Abbildung 5.8 zeigt einen verkürzten Ausschnitt des oben beschriebenen zweiten Selektionsvorganges.

Hinweis: Für alle im Kapitel 5 beschriebenen Datenbanken wurde eine Formel zur „Grundfilterung" ausgewiesen. Außerdem ist auf der Begleitdiskette unter „FORMEL.FW3" eine Beispielsammlung der hier beschriebenen Selektionsvorgänge abgelegt.

Anwendung	Laufwerk	NEU	Editieren		
[NAMEN6]					
Name	Länge	w	m	Lekt	Invers
Edgar	5		x	4_1	ragdE
Etzel	5		x	4_2	leztE
Fritz	5		x	4_2	ztirF
Titus	5		x	4_2	sutiT
Elmar	5		x	5_1	ramlE
Albin	5		x	5_2	niblA
Bernd	5		x	5_2	dnreB
Ernst	5		x	5_2	tsnrE
Eugen	5		x	5_2	neguE
Frank	5		x	5_2	knarF
Franz	5		x	5_2	znarF
Hagen	5		x	5_2	negaH
Heinz	5		x	5_2	znieH
Henri	5		x	5_2	irneH
Ignaz	5		x	5_2	zangI
Urban	5		x	5_2	nabrU
Achim	5		x	6_1	mihcA
Erich	5		x	6_1	hcirE
Adolf	5		x	6_2	flodA
Alois	5		x	6_2	siolA
Alwin	5		x	6_2	niwlA

Abb. 5.8:   „NAMEN6.DBF"/II

Textvorlagen

Nachfolgende Texte - wir drucken aus Platzgründen nur einen kleinen Teil der auf der Begleitdiskette abgelegten ab - können, sofern sie zu Abschreibproben und Tests zur „10-Minuten-Abschrift" herangezogen werden, ebenfalls über die Programme „NEU. FW3" und „KORREKTU.FW3", s. S. 133ff., eingegeben und korrigiert werden. Hierfür ist es allerdings notwendig, auf den Blocksatz zu verzichten. Wir mußten die Anschläge pro Zeile auszählen, um eine gleichbleibende Zeilenlänge der Texte zu erreichen, von der wiederum das Programm „NEU. FW3" abhängig ist. Bezogen auf FRAMEWORK III gehen wir von 60 Anschlägen pro Zeile aus. Da - wie bereits dargestellt - die Textverarbeitung von FRAMEWORK III dem ersten Anschlag einer Zeile die Zahl 0 zuweist, kommen wir auf einen rechten Rand von 59. Ein Vorteil dieser Zeilenausrichtung liegt sicher in der Tatsache begründet, daß man „auf einen Blick" erkennen kann, ob die zeilengerechte Darstellung von den Schülern erreicht wurde oder nicht. Wer sich von den Kollegen jemals auf eine solche Zeilenausrichtung eingelassen hat, weiß um die Schwierigkeiten, die sich daraus ergeben. Ein zähes Ringen um Wortverwandtschaften geht einher mit der Not, sich gewisser Füllwörter permanent bedienen zu müssen. Zwar sind die Texte durchgehend von fehlerfreiem Satzbau, einige von ihnen lassen jedoch unter der genannten Prämisse einen gewissen „grammatikalischen Schliff" vermissen.

Friedrich Schiller

```
Friedrich Schiller wurde am 11. November 1759 in Marbach am   |  64
Neckar geboren. Er war der Sohn eines Wundarztes. Der große   | 129
Kindheitstraum von Friedrich war, einmal Pfarrer zu werden.   | 192

Doch er wuchs heran in einer Welt des Absolutismus und sei-   | 255
ner Unterdrückungen. So mußte er sich dem Zwang des Landes-   | 319
fürsten unterwerfen. Herzog Karl Eugen von Württemberg, ein   | 383

unumschränkter Gewaltherrscher, hatte in Stuttgart eine mi-   | 445
litärische "Pflanzschule" errichtet. In dieser Schule soll-   | 510
ten alle begabten Knaben des Landes in strengster Zucht und   | 573

Ordnung nach dem Willen des Landesherren erzogen werden. So   | 637
ordnete er an, daß auch der junge Friedrich die Karlsschule   | 799
besuchen müsse. Was blieb diesem anderes übrig, als Medizin   | 761

zu studieren, wenn er dies auch recht widerwillig tat. Sein   | 822
ganzer Haß galt dem System des Zwanges und der Fürstenwill-   | 886
kür. Sehnsuchtsträumen von Freiheit nachhängend, schrieb er   | 948
```

vor diesem Hintergrund "Die Räuber". Im nahen Mannheim, das | 1016
damals badisch war, fand die Uraufführung des Dramas statt. | 1078
Friedrich reiste heimlich dahin, um sie mitzuerleben. Wahre | 1140

Begeisterungsstürme lösten Schillers "Räuber" unter den Zu- | 1206
schauern aus. Die Menschen spürten sehr deutlich jenen Auf- | 1269
ruhr gegen Fürstenzwang und Tyrannei aus Friedrichs Worten. | 1332

Als der Herzog Kenntnis von Friedrich Schillers großem Werk | 1398
erhielt, verbot er dem jungen Dichter strikt, jemals wieder | 1459
ein Drama oder ein anderes Theaterstück zu schreiben. Jetzt | 1522

war es genug! Heimlich und buchstäblich bei Nacht und Nebel | 1586
floh Schiller mit einem Freund aus Württemberg. So hatte er | 1650
seine langersehnte Freiheit gewonnen. Dafür tauschte er je- | 1712

doch bittere Armut ein. Fünf Jahre zog er rast- und ruhelos | 1775
umher. Dann war es wohl Schicksal, daß Schiller dem Dichter | 1839
Johann Wolfgang von Goethe in Weimar begegnete. Dieser ver- | 1904

half Schiller zu einer Professorenstelle an der Universität | 1967
in Jena. Aus der anfänglich belanglosen Bekanntschaft wurde | 2030
eine langjährige und tiefe Freundschaft der beiden Dichter. | 2092

Die Dramen der beiden Freunde wurden auf zahlreichen Bühnen | 2050
gespielt; ihre Balladen waren fast überall bekannt. Bis da- | 2113
hin war die Verehrung der Deutschen für französische Poeten | 2176

fast grenzenlos. Friedrich Schiller und Johann Wolfgang von | 2240
Goethe vermittelten dem deutschen Volk ein völlig neues Ge- | 2303
fühl für die Schönheit seiner eigenen Muttersprache. In der | 2366

heutigen Zeit stellen wir mit Bedauern fest, daß dieses ge- | 2428
schliffene Wort fast ausschließlich dem Theater und der Li- | 2491
teratur vorbehalten bleibt. Dieser Umstand ist befremdlich! | 2554

Asterix und Obelix

Bestimmt kennst Du die Geschichte der beiden Helden Asterix | 65
und Obelix. Ihr Heimatdorf lag im Westen Galliens, zwischen | 130
den riesigen römischen Lagern Aquarium und Kleinbonum. Roms | 194

Kaiser war damals wild entschlossen, seine Gewaltherrschaft | 256
auf ganz Europa auszudehnen. Es sind daher Geschichten, die | 319
sich vor fast zweitausend Jahren ereignet haben sollen. Das | 381

schlaue Vorhaben der Römer, ganz Gallien zu besetzen, wurde | 444
stets vereitelt. Asterix und Obelix widersetzten sich allen | 506
Eroberungsversuchen der Römer. Die bedauernswerten Legionen | 570

hatten bestimmt keine leichte Aufgabe. Stöberte Obelix kein | 633
Wildschwein im Walde auf, dann doch mit Sicherheit eine der | 696
römischen Kohorten, und schon war es wieder einmal so weit: | 758

Eine Riesenkeilerei entstand. Immer waren es die Römer, die | 822
mutlos und unter erheblichen Verletzungen Fersengeld gaben. | 884
Unsere Geschichte wird aber auch noch andere nennen müssen: | 947

Da gab es einen Mann, der seines Zeichens Druide des Dorfes |1012
war und sich Miraculix nannte. Dieser Miraculix verstand es |1075
ganz vortrefflich, aus Misteln einen Zaubertrank zu brauen, |1137

gegen dessen Wirkung einfach nicht anzukommen war. Wichtige |1199
Voraussetzung war allerdings, diese Misteln beim Schein des |1262
Mondes mit einer goldenen Sichel zu schneiden. So nahmen es |1325

ein Obelix oder Asterix leicht mit 333 oder gar 3555 Römern |1388
auf. Von Majestix bliebe noch zu berichten: Er war im Dorfe |1453
das Stammesoberhaupt. Ein mutiger Mann, den auf Schritt und |1517

Tritt der Kummer begleitete, ihm könnte eines schönen Tages |1580
der Himmel auf den Kopf fallen. Von seinen Untertanen wurde |1644
er geachtet und verehrt. Am Ende unserer Geschichte sei der |1707

Barde Troubadix genannt: Ein blonder, junger Mann, der sich |1772
berufen sah, zu allen Ereignissen des Dorfes Lieder auf der |1835
Leier zu singen. Kaum aber hatte er damit begonnen, sausten |1897

die Gallier voller Entsetzen in alle Himmelsrichtungen. Als |1961
letzten Ausweg banden sie ihn geknebelt an einen Baumstamm. |2023
Waren die Gallier damals so unmusikalisch, oder lag es mehr |2085

an seinen Liedern? Aber wen von uns interessiert dies heute |2147
noch? Alle diese Geschichten, gezeichnet von dem inzwischen |2210
verstorbenen Uderzo, bereiten Jungen und Alten viel Freude. |2274

Wer kam auf die Idee mit dem Osterei?

Mit dem Osterfest begehen wir gleichzeitig auch die Ankunft | 63
des Frühlings. Dabei haben sich im Laufe der Zeiten gewisse | 127
uralte Fruchtbarkeitsriten mit den christlichen Vorstellun- | 189

gen vermischt. So gilt beispielsweise das Ei einerseits als | 251
Zeichen der wiedererwachenden Natur nach einem langen, har- | 314
ten Winter, andererseits ist es auch ein kirchliches Aufer- | 377

stehungssymbol. Es wird heute allgemein die Ansicht vertre- | 439
ten, das Verschenken von Eiern zu Ostern sei auf das Zinsei | 503
und auf die Eierspende des frühen Mittelalters zurückzufüh- | 565

ren. Damals erhielten die Fürsten und Grundherren zu Beginn | 629
des Frühlings - da man ja noch keinerlei andere Ernteerträ- | 691
ge vorweisen konnte - Eier als Naturalzins. Diese Eier wur- | 755

den meist geweiht und als Glücksbringer an das Gesinde ver- | 817
teilt. Das Osterei im christlichen Sinn geht wahrscheinlich | 880
auf die Fastenpraxis der älteren Kirche zurück, die den Ge- | 943

nuß von Eiern während der Fastenzeit verbot und erst wieder |1005
zu Ostern erlaubte. Eine ganz wichtige Rolle spielt der Ha- |1069
se in diesem österlichen Ritual. Vor etwa 300 Jahren wurden |1132

solche Hasen zum ersten Mal erwähnt. Allerdings kamen diese |1195
Hasen mehr durch puren Zufall zu solchen Ehren. Bereits da- |1259
mals war es alter Brauch, die sogenannten Gebildebrote, die |1321

in Form eines Lammes gebacken wurden, zur Osterweihe in die |1384
Kirche zu tragen. Wer kennt heute nicht das Osterlamm, wel- |1447
ches aus Biskuitteig in speziellen Formen gebacken wird? Es |1511

heißt nun weiter in der Geschichte, die ich vor langer Zeit |1573
las, daß ein Bäcker, der mit wenig Kunstverstand solche Ge- |1636
bilde formte, der Schöpfer dieser Osterhasen sein soll. Als |1699

er seine Kunstwerke aus dem Backofen zog, hatten diese weit |1761
mehr Ähnlichkeit mit einem Hasen als mit einem Lamm. Ob wir |1825
dem Mißgeschick dieses Bäckers nun tatsächlich unsere heute |1887

überall erhältlichen Osterhasen verdanken - wer will das so |1948
bestimmt sagen können? Sicher haben sich diese und ähnliche |2010
Geschichten überliefert und bergen in ihrem Kern ein Stück- |2073

chen Wahrheit. Durch Jahrhunderte hindurch haben sich Sitte |2137
und Volksbrauch daraus entwickelt. In vielen Teilen unserer |2200
Heimat sind sie bis auf den heutigen Tag lebendig geblieben |2262

und werden für wahr gehalten. In einer stillen Stunde soll- |2324
ten wir einmal unsere Großeltern darüber befragen! Bestimmt |2387
können sie uns noch eine Menge wunderlicher Dinge erzählen. |2449

Weiterentwicklung der Schreibmaschine

Die Weiterentwicklung der Schreibmaschinen hat einen steten | 63
Aufschwung erfahren. Die ersten elektrischen Büroschreibma- | 126
schinen wurden ca. ab 1920 serienmäßig gebaut. Im Vergleich | 188

dazu stellen die elektronischen Schreibmaschinen eine tota- | 249
le Neuentwicklung auf diesem Sektor dar. Worin besteht aber | 312
nun der wesentliche Unterschied zwischen einer elektrischen | 373

und einer elektronischen Maschine? Einer der wesentlichsten | 436
Unterschiede ist die Verwendung sog. Mikroprozessoren. Eine | 500
Vielzahl von Funktionen kann mit deren Hilfe völlig automa- | 563

tisiert werden. Zu nennen wären hier beispielsweise Papier- | 625
einzug, Randausgleich, Blocksatz, Dezimaltabulatoren, Sper- | 689
ren, Zentrieren, Unterstreichen und Löschen, ferner der Ar- | 753

beitsspeicher sowie eine LCD-Anzeige, auch Display genannt. | 817
Die Mehrzahl dieser elektronischen Schreibmaschinen ist an- | 880
schließbar an Computersysteme und Fernschreiber. Damit wur- | 943

de ein fließender Übergang zu Systemen der Textverarbeitung |1006
geschaffen. Bei den Speichern unterscheidet man zwei Arten: |1070
1. den Floskel- oder Konstantenspeicher und 2. den Arbeits- |1133

speicher. Der Floskel- oder Konstantenspeicher steht seinem |1196
Benutzer mit einer Kapazität von ca. 1.000 Zeichen zur Ver- |1260
fügung. In einen solchen Speicher werden beispielsweise das |1322

Tagesdatum, die Anreden und auch diverse Grußformeln einge- |1385
geben. Der Arbeitsspeicher besitzt eine weitaus größere Ka- |1448
pazität. Er verfügt teilweise über mehr als 30.000 Zeichen. |1510

Bei einem solchen Arbeitsspeicher ist somit die Möglichkeit |1573
vorhanden, regelmäßig wiederkehrende Briefabschnitte, Text- |1635
teile oder komplette Texte bei Standardbriefen zu erhalten. |1697

Per Tastendruck können einzelne Teile sodann abgerufen oder |1760
mit anderen Textteilen kombiniert werden. Das ist ohne Fra- |1823
ge eine rationelle Arbeitsweise mit wesentlichen Vorteilen. |1885

Was heißt schon Sport?

Das Wort Sport bedeutet eigentlich Spaß. Im Jahre 1850 fin- | 66
gen junge Männer in England an, sich während ihrer Freizeit | 129
in frischer Luft zu tummeln, damit sie die Geschicklichkeit | 191

des Leibes fördern und den Geist entspannen konnten. Inzwi- | 254
schen hat der Sport in einem wahrhaft stürmischen Siegeszug | 316
die ganze Welt erobert. Es gibt seit jener Zeit mehr als 50 | 379

Sportarten. Hinter den Ballspielen aber bleiben die anderen | 442
hinsichtlich der Zahl und auch der Anhängerschaft stark zu- | 504
rück. Ganz fraglos ist jeder Sport wertvoll und wichtig für | 566

die Pflege der Gesundheit und das Heranbilden von erwünsch- | 629
ten Charaktereigenschaften. Es würde deshalb wirklich jedem | 691
Menschen guttun, sich neben seiner beruflichen Ausübung ei- | 753

nem beliebigen Sport zu widmen. Es ist dabei keinesfalls so | 815
wichtig, Großartiges in den erwählten Sportarten leisten zu | 877
müssen. Bedeutend wichtiger wäre es, aus vollem Herzen Spaß | 940
an dieser sportlichen Betätigung zu haben. |1001

Albert Einstein

Albert Einstein ließ sich öfter zu den vielen Universitäten | 63
fahren, die ihn zu Vorträgen über seine Relativitätstheorie | 125
eingeladen hatten. Einmal sagte sein Chauffeur unterwegs zu | 187

ihm: "Herr Professor, ich habe diesen Vortrag jetzt bereits | 251
über 30mal gehört und kenne ihn Wort für Wort auswendig. So | 314
gut wie Sie könnte ich ihn bestimmt ebenfalls halten! Lang- | 377

weilt Sie das nicht auf die Dauer?" Zunächst stutzte Albert | 442
Einstein kurz und begann dann zu schmunzeln: "Na gut," ent- | 507
gegnete er. "Sie sollen Ihre Chance haben. Dort, wo wir nun | 572

hinfahren, kennen mich die Leute bestimmt noch nicht. Darum | 634
setze ich Ihre Chauffeursmütze auf, und Sie geben sich dann | 697
als Professor Einstein aus." Genauso geschah es tatsächlich | 761

auch. Einsteins Chauffeur hielt den wissenschaftlichen Vor- | 824
trag, ohne auch nur ein einziges Mal ins Stocken zu kommen. | 886
Als er geendet hatte und gehen wollte, sprach ihn einer der | 947

anwesenden Professoren an und stellte ihm eine überaus kom- |1008
plizierte Frage, die gespickt war mit vielen mathematischen |1069
Gleichungen und Formeln. Einsteins Chauffeur war keineswegs |1133

aus dem Gleichgewicht zu bringen. Er reagierte blitzschnell |1195
und sagte: "Ich bin sehr überrascht, Herr Kollege, daß Pro- |1261
fessoren Ihrer Klasse mich so etwas Einfaches fragen. Solch |1325

simple Dinge weiß sogar mein Chauffeur. Einen Moment bitte! |1390
Ich werde sofort veranlassen, daß man ihn rufen läßt, damit |1451
Sie sich persönlich von seiner Kenntnis überzeugen können!" |1515

Ausblick

Wie geht es weiter? Uns ist bewußt, daß jedes Buch, welches konkrete Computer-
probleme thematisiert, in kurzer Zeit veraltet ist, und daß sich die Computer-
Hard- und Software mit rasanter Geschwindigkeit fortentwickelt. Fast scheint es,
daß wir uns in einem Teufelskreis befinden: Mächtigere Programme erfordern
mächtigere Hardware, die wiederum noch mächtigere Programme ermöglicht. Diese Programme der „zweiten Generation" stoßen wiederum bald an die Grenzen
der Hardware, und das „Karussell" dreht sich von neuem. Wir haben mit diesem
Buch bewußt versucht, **didaktische und methodische Grundlagen** des Maschinenschreibens mit dem Computer zu vermitteln bzw. zur Diskussion zu stellen.
Diese Grundlagen sind prinzipiell hard- und softwareunabhängig. Dennoch wird
sich jeder, der mit dem Computer schreibt, eines Textverarbeitungsprogramms bedienen müssen, weshalb auch wir unsere Beispiele an einem konkreten Programm
ausgerichtet haben. FRAMEWORK III wird in zwei Jahren aber anders aussehen
als heute, weshalb uns ein **Ausblick auf morgen** geboten erscheint:

Die aktuelle Diskussion im Bereich der Textverarbeitung wird derzeit durch zwei
sich gegenseitig bedingende Themen beherrscht, die auch hier thematisiert werden
sollen:

1. Textverarbeitungssyteme werden immer mächtiger. Sie haben mittlerweile
    eine überbordende Funktionsvielfalt, die zwar einerseits kaum Wünsche of-
    fenläßt, aber andererseits den Einarbeitungsaufwand zunehmend erhöht.
    Hier wird sicherlich zunehmend überlegt werden müssen, welche Systeme
    pädagogisch sinnvoll sind, das heißt über einen vertretbaren Funktionsum-
    fang - bei leichter Erlernbarkeit und einem günstigem Preis - verfügen. Die
    Diskussion wird dadurch geprägt werden, daß das äußere Erscheinungsbild
    der einzelnen Programme durch die erzwungenen Harmonisierungstenden-
    zen der grafischen Bedienungsoberfläche „Windows" immer ähnlicher wer-
    den wird. Um sich voneinander zu unterscheiden, müssen demzufolge die
    „inneren Werte" differieren, sei es durch noch mehr Funktionen, sei es
    durch eine anders geartete Makrosprache, sei es durch eine bessere Recht-
    schreibkontrolle oder anderes mehr. Da das äußere Erscheinungsbild aber
    immer ähnlicher werden wird, benötigt man als Lehrer tendenziell mehr Sy-
    stemkenntnisse als heute, um die „unter der Oberfläche" liegenden Unter-
    schiede erkennen und nach pädagogisch relevanten Gesichtspunkten beur-
    teilen zu können.

2.   Die Grenzen zwischen der klassischen Textverarbeitung und dem bislang
      Druckereien vorbehaltenen Setzen von Texten werden durch das „Desktop
      Publishing" (DTP) zunehmend fließend. Desktop Publishing („die Druckerei
      auf dem Schreibtisch") ermöglicht dabei, qualitativ hochwertige Druckvorla-
      gen aus Text- und Grafikelementen für (Schüler-)Zeitungen, Einladungen,
      Plakate ... schnell, preiswert und äußerst flexibel auf dem eigenen Computer
      selbst herzustellen.

Während noch vor kurzer Zeit spezielle DTP-Programme wie „Pagemaker"
oder „Publisher Ventura" den Markt unter sich aufteilten, stoßen klassische
Textverarbeitungsprogramme zunehmend in Funktionsbereiche vor, die bislang beispielsweise den beiden genannten Programmen vorbehalten waren.
Dadurch erwachsen aber neue Probleme, die über kurz oder lang unterrichtlich thematisiert werden müssen:

-     Es ist das wiederholt erklärte Ziel dieses Buches, Belange des klassi-
      schen Maschinenschreibens mit dem Schreiben per Computer zu ver-
      binden. Schwerpunktmäßig handelt es sich um die 10-Finger-Tastme-
      thode und die Normen für die Briefgestaltung gemäß DIN. Hier
      herrscht **heute** zweifelsohne ein Nachholbedarf beim Generations-
      wechsel von der Schreibmaschine zum Computer.

-     **Morgen** werden wir zusätzlich das Berufsbild des Setzers integrieren
      müssen, da der Computerbildschirm zunehmend dem Montageplatz
      einer Zeitungsseite in einer Redaktion ähnlicher werden wird. Dabei
      wird nicht mehr das Schreiben an sich eine Rolle spielen - es wird als
      bekannt vorausgesetzt. Dagegen werden Fragen der Blattaufteilung,
      der verwendeten Schrift-Fonts und -größen von zentralem Interesse
      sein.

Man mag nun mit einem gewissen Recht den Standpunkt vertreten, dies sei
unnötig, und den Bedürfnissen des schulischen Schreibens nicht angemessen.
Vordergründig muß diesem Argument Recht gegeben werden, aber wir wa-
gen ja gerade einen Ausblick auf die Problemstellungen von morgen. Schon
heute zeichnet sich ab, daß nur die wenigsten Benutzer mit der derzeitigen
Funktionsvielfalt ihrer Textverarbeitungssysteme zurechtkommen. Dabei lie-
gen die Schwierigkeiten weniger in der sachgerechten Bedienung. Diese ist
erlernbar. Das Problem läßt sich im Kern auf die Aussage zurückführen,

daß die Mehrzahl der Benutzer nach dem Motto vorgeht: „Viel hilft viel!"
Plakativ und vereinfachend ausgedrückt, müssen auf jeder Seite Schriften aus
mindestens fünf verschiedenen Schriftfamilien verwendet werden, ergänzt
durch eine Vielzahl von Grafiken, Schraffuren, horizontalen und vertikalen
Linien oder anderen Untergliederungen.

Hier das richtige Maß zu finden und eine Seite den Regeln entsprechend auf-
zuteilen, kann aber gerade nicht durch das Studium des Handbuches eines
Textverarbeitungsprogrammes erlernt werden. Da es sich bei Layout-Fragen
um die originären Belange eines klassischen Ausbildungsberufes handelt, entsteht ein neuer Bedarf an Fortbildung - nicht nur für Lehrer. Dabei ist es
wie bei so vielem: Keinem Leser fällt auf, wenn ein Layout richtig gestaltet
wurde. Die Wirkung eines Plakates oder eines Textes kann sich aber ins Gegenteil verkehren, wenn grundlegende Fehler in der Seitengestaltung gemacht worden sind, auch wenn diese Fehler dem jeweiligen Leser nicht bewußt werden, sondern lediglich ein undefiniertes störendes Gefühl verursa-
chen.

Welche Konsequenzen ergeben sich für die Lehreraus- und -fortbildung?

-   **Zum einen erscheint uns eine grundlegende Kompetenzerweiterung not-
    wendig zu sein, Fragen der „Informationstechnischen Grundbildung"
    (ITG) betreffend.** Nur mit zumindest grundlegenden Kenntnissen der Com-
    puterhard- und -software lassen sich die notwendigen Kaufentscheidungen in
    einer angemessenen Art und Weise treffen.

-   **Für den Gesamtbereich der typografischen Gestaltung von Texten bzw.
    des Layouts erscheint es uns unabdingbar, das dazu erforderliche Fach-
    wissen von außen herzuholen.** Es ist unseres Erachtens kurzfristig gedacht,
    zu behaupten, es existiere kein schulischer Bedarf, da die Funktionsvielfalt
    der Textverarbeitungsprogramme eine Auseinandersetzung mit Fragen des
    Layouts in jedem Fall erzwingen wird, will man schlechte Layouts nicht
    von vornherein als gegeben hinnehmen. Auch erscheint uns eine zunehmen-
    de Professionalisierung der betroffenen Lehrkräfte notwendig zu sein. Da es
    aller Wahrscheinlichkeit nach die gleichen sein werden, die heute Maschi-
    nenschreiben unterrichten, wird sich ein entsprechender Nachholbedarf in
    einer zweiten Runde auftun, nachdem das normgerechte Schreiben mittels
    des Computers in den Schulen etabliert sein wird.

Verzeichnis der Abbildungen und Tabellen

a)   Abbildungen

b) **Tabellen**

Literaturverzeichnis

1. Literatur zum Maschinenschreiben im engeren Sinn

DIN Deutsches Institut für Normung e.V (Hrsg.) (1987): Regeln für Maschinenschreiben - Taschenausgabe von DIN 5008. 3. Aufl. - Berlin, Köln: Beuth

Gochla, Erwin (Hrsg.) (1981): Handbuch der Textverarbeitung. - Landsberg: Verlag Moderne Industrie

Köberich-Antes (1979): Der programmierte Brief - Maschinenschreiben nach Textbausteinen mit Einführung in die Programmierte Textverarbeitung. 4. Aufl. - Wolfenbüttel: Heckners

Lucas, Manfred (1986): Der Lebenslauf - Richtig und wirksam schreiben. - Düsseldorf: ECON

Mayerhöfer, Claudia (1988): Musterbriefe an Behördern - Der Ratgeber für Ihre Behördenkorrespondenz. - Wiesbaden: Englisch

Plieninger, Martin (1991): Computereinsatz im Aufsatzunterricht - Rechnergestützte Analyse von Gebrauchstexten und Möglichkeiten des Schreibens in der Sekundarstufe I unter FRAMEWORK III. - Stuttgart: Metzler, Teubner (= ComputerPraxis im Unterricht)

Siewert, Horst H.; Siewert Renate (1988): Bewerben wie ein Profi - Wie wird man Spitzenkandidat? - Selbstbewußt, entspannt und richtig vorbereitet! Bewerbungstraining für Abiturienten, Studenten, Akademiker und Berufsaufsteiger. Mit psychologischen Tests, Tips und Musterbeispielen, vom Bewerbungsschreiben bis zur Rechtshilfe.. 3.Aufl. - Landsberg (Lech): mgv - moderne verlagsgesellschaft

2. Literatur zu DOS

Beisecker, Michael A. (1990): DOS 3.3 Quickstart. - Düsseldorf: Sybex

Beisecker, Michael A. (1990): SYBEX Ratgeber DOS. - Düsseldorf: Sybex

Conrad, Peter (1990): MS-DOS Einsteigerbuch. - Düsseldorf: Sybex

Dobes; Abramidis (1991): MS-DOS tewi-Trainer. - München: tewi

Jürgensmeier; Niemeier; Steiner (1990): DOS-4.0-Lexikon. 2.Aufl. - Haar b. München: Markt & Technik

Kost, R.; Steiner, J.; Valentin, R. (1991): So geht's! - DOS 3.3 - Arbeiten mit der Festplatte. - Haar b. München: Markt & Technik

Kost, R.; Steiner, J.; Valentin, R. (1990): So geht's! - DOS 3.3 - Starthilfen. - Haar b. München: Markt & Technik

Menzel, Klaus; Thode, Reinhold; Plieninger, Martin (1990): Computer - Werkzeug für alle Lehrer - Leitfaden für Einsteiger und Umsteiger. - Stuttgart: Metzler, Teubner (= ComputerPraxis im Unterricht)

Nieder, H. C.; Gerhardt, H. H. (1990): DOS 4.0 deutsch. 2.Aufl. - Haar b. München: Markt & Technik

Spanik, C.; Rügheimer, H. (1989): Einsteigen ohne auszusteigen: MS-DOS. - Haar b. München: Markt & Technik

3. Literatur zu FRAMEWORK

Franze, Emil; Menzel, Klaus; Mödl, Herbert; Plieninger, Martin (1989): FRAMEWORK-Praxis - Band 1: Konzepte / Band 2: Anwendungen. - Stuttgart: Metzler, Teubner (= ComputerPraxis im Unterricht)

Harrison, Bill (1989): Framework III - Das große Anwenderbuch. - Braunschweig: Vieweg

Kolberg, Michael (1989): Framework III. - Haar b. München: Markt & Technik

Kühlewein, Klaus; Nüssle, Karl (1990): FRAMEWORK-Praxis für kaufmännische Berufe - Band 1: Modelle auf Kommandoebene / Band 2: Modelle auf Programmebene. - Stuttgart: Teubner (= MicroComputer–Praxis)

Schließmann, B. (1990): Framework-III-Lexikon. - Haar b. München: Markt & Technik

Schmitz, Paul Jürgen (1991): Framework III anwenden. - Heidelberg: Hüthig

Stone, Deborah, L. (1989): Framework III - Einführung + Referenz. - Haar b. München: Markt & Technik

Studer, J. (1990): Framework III effektiv nutzen. - Haar b. München: Markt & Technik

Valentin, Robert (1989): Framework III - Schulung. - Haar b. München: Markt & Technik

Voss, Werner (1989): Software-Seminar Framework III. - Düsseldorf: Data Becker

3.   Literatur zu WORKS

Becher, Wolfgang (1990): MS WORKS 2.0 - Musterlösungen. - Bonn: Addison-Wesley

Borchers, Detlef; Gutschmidt, Silvia; Klein, Michael; Wildfeuer, Christian (1989): Das Buch zu Works. - Braunschweig: Vieweg

Cobb, Douglas (1991): Works - Integrierte Software optimal eingesetzt. - Braunschweig: Vieweg

Kolberg, Michael (1991): 50mal Works, Version 2.0. - Haar b. München: Markt & Technik

Kolberg, Michael (1990): MS-Works 2.0. - Haar b. München: Markt & Technik

Valentin, Robert (1990): Schnellübersicht MS-Works 2.0. - Haar b. München: Markt & Technik

Valentin, Robert (1990): Schulung Works 2.0. - Haar b. München: Markt & Technik

Hinweise zur Diskettenversion

Zu diesem Band ist beim B. G. Teubner Verlag eine Programm- und Datendiskette für IBM-kompatible PC's unter der

Bestellnummer: 3-519-09291-3

erhältlich. Die Nutzung der Diskette ist nur dem Käufer persönlich gestattet. Schulen können mit schriftlicher Genehmigung des B. G. Teubner Verlages für Unterrichtszwecke Kopien innerhalb einer Schule verwenden.

Die Diskette (3 ½ Zoll, 720 Kbyte) enthält alle in diesem Band vorgestellten Beispiele, Programme und Dateien. Die Diskette ist - den Hauptkapiteln des Buches folgend - in Unterverzeichnisse (subdirectories) gegliedert. Die Dateinamen entsprechen den jeweils im Buch ausgewiesenen Kennungen. Darüber hinaus enthält die Begleitdiskette zusätzliches Übungsmaterial, welches aus Platzgründen nicht im Buch ausgewiesen werden konnte.

Das integrierte System FRAMEWORK III ist auf der Begleitdiskette **nicht** enthalten. Es muß gegebenenfalls separat im Computerfachhandel erworben werden, wobei die Firma Asthon Tate Bildungseinrichtungen und Lehrern Sonderkonditionen einräumt.

Der Intention des Buches folgend, ist es aber **nicht zwingend erforderlich**, im Besitz von FRAMEWORK III zu sein, um mit der Begleitdiskette arbeiten zu können. Die überwiegende Mehrzahl der Anwendungsbeispiele ist mit jedem beliebigen Textverarbeitungssystem bzw. Datenbankprogramm lauffähig. Um dies zu gewährleisten, wurden soweit als möglich, die Textdateien im allgemeingültigen ASCII-Format mit der Dateierweiterung (.TXT) abgespeichert. Die Datenbanken zum Komparativtraining (Kapitel 5) wurden aus dem gleichen Grund im dBASE-Format (.DBF) abgelegt, welches in der Regel von jedem beliebigen Datenbankprogramm eingelesen werden kann. Lediglich die Programme „NEU.FW3" und „KORREKTU.FW3", sowie der Bereich der Serienbrieferstellung setzen den Besitz von FRAMEWORK III zwingend voraus. Die diesbezüglichen Dateien sind demzufolge auch mit der framework-eigenen Dateierweiterung (.FW3) versehen.

Auf der Diskette befindet sich eine Datei **HINWEIS.TXT**, die weiterführende Informationen für den Diskettenbenutzer enthält.